D1749095

Die Bibliothek der Technik
Band 283

Niederfrequenter Ultraschall

Grundlagen, Technik, Anwendungen

Stefan Bandelin, Marina Herrmann,
Rainer Jung, Roland Radandt

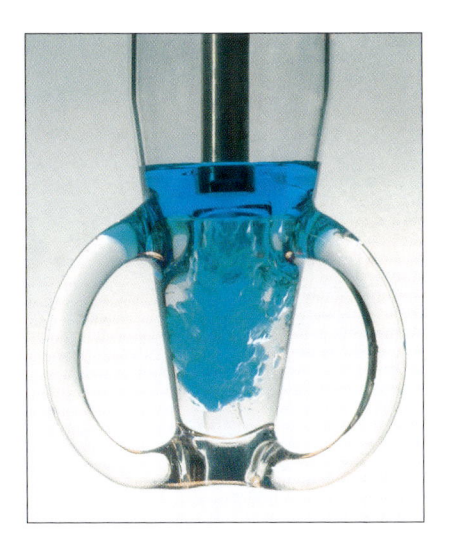

verlag moderne industrie

Dieses Buch wurde mit fachlicher Unterstützung
der BANDELIN electronic GmbH & Co. KG erarbeitet.

Das Umschlagbild zeigt die typische Badoberfläche eines runden
Ultraschallbads.

Die Abbildung auf der Seite 1 zeigt eine Momentaufnahme der
Emulsionsbildung in einer Rosettenzelle ca. 0,1 Sekunden nach
Einschalten des Ultraschalls.

© 2006 Alle Rechte bei
sv corporate media, D-80992 München
http://www.sv-corporate-media.de
Abbildungen: Nr. 3 L.A. Crum, University of Washington;
Nr. 43 F. Vogel, Max-Delbrück-Centrum Berlin; alle übrigen
BANDELIN electronic GmbH & Co. KG, Berlin
Satz: abc.Mediaservice GmbH, D-86807 Buchloe
Druck und Bindung: Sellier Druck GmbH, D-85354 Freising
Printed in Germany 889026
ISBN 3-937889-26-4

Inhalt

Einleitung 4

Grundlegendes zum Ultraschall 6

Ultraschallerzeugung 7
Ultraschall in Flüssigkeiten – Kavitation 8
Nachweis der Kavitationsintensität 10

Ultraschall-Reinigungstechnik 12

Gerätetechnik 13
Einsatzgebiete 26

Ultraschall-Verfahrenstechnik 37

Ultraschallbäder für Analytik und Probenvorbereitung im Labor 37
Reaktoren und Spezialwandler für Technikum und Industrie 40

Ultraschalldesintegration 51

Aufbau und Wirkungsweise von Ultraschallhomogenisatoren 51
Hochwertige Sonotroden zur Ultraschall-Amplitudenverstärkung 55
Probenvorbereitung im Labor 58

Medizinische Niederfrequenz-Ultraschalltherapie 65

Leistungsmerkmale und Gerätetechnik 65
Physiologische und physikalische Aspekte 66
Einsatzgebiete 67

Ausblick 70

Der Partner dieses Buches 71

Einleitung

Phänomen Ultraschall

Das Phänomen Ultraschall ist den Menschen aus der Natur – durch die geheimnisvolle Ultraschallortung der Fledermäuse – und mittlerweile aus dem Alltag – bei der pränatalen Ultraschalldiagnostik – sehr gut bekannt. Darüber hinaus wird Ultraschall in zahlreichen technischen Anwendungen eingesetzt, beim Echolot, der Materialprüfung, der Vernebelung, beim Schweißen und vielen anderen Prozessen unterschiedlichster Art. Eine besondere Stellung unter den technischen Anwendungen kommt dabei der Ultraschall-Reinigungstechnik zu (Abb. 1), die auf bewährte Verfahren zurückgreifen kann.

Definition

Als Ultraschall wird üblicherweise der Bereich oberhalb der Hörfähigkeit des menschlichen Gehörs definiert. Er beginnt bei etwa 18 000 Hz (18 kHz) und reicht hinein bis in den Bereich der elektromagnetischen Wellen mit Frequenzen von einigen Megahertz.

Ultraschallforschung

Zu den ersten Pionieren der Erforschung und Beschreibung von Grundlagen und Effekten des Ultraschalls gehören überaus namhafte Forscherpersönlichkeiten. Zum Beispiel wurde der piezoelektrische Effekt schon 1880 von Jaques und Pierre Curie entdeckt. Im Jahr 1894 beschrieben Sir John I. Thornycroft und Sydney W. Barnaby erstmals Kavitationseffekte mit Mikrojets an Festkörperoberflächen. Nach der Titanic-Katastrophe 1912 beschäftigte sich der Engländer Richardson mit Ultraschallwellen zur Ortung im Seeverkehr. Der deutsche Physikprofessor Bergmann veröffentlichte 1937 das erste umfassende technische Lehrbuch über Ultraschall.

Später Durchbruch

Obwohl grundlegende Arbeiten und erste Geräteentwicklungen bereits in den dreißiger und vierziger Jahren des vorigen Jahrhunderts erfolgten, vollzog sich der Durchbruch zu kommerziellen Geräten und erfolgreichen Industrie-

Abb. 1:
Schmutzablösung mit Ultraschall

anwendungen erst sehr viel später. Die Ursachen dafür lagen vor allem in der rasanten Entwicklung preiswerter und effizienter piezokeramischer Werkstoffe nach dem 2. Weltkrieg, die mit großem Erfolg zur Ablösung der bis dahin dominierenden natürlichen Kristalle wie Quarz, Turmalin und Seignettesalz führten. Mit der breiten Verwendung so genannter Blei-Zirkonat-Titanat-Keramiken (abgekürzt PZT-Keramiken) ab Mitte der sechziger Jahre etablierten sich niederfrequente Leistungsschallanwendungen in der Ultraschall-Reinigungstechnik und im Labor. Weltweit setzten sich kleine kompakte Ultraschall-Reinigungsgeräte bis in den Privatbereich durch, zum Beispiel für die Reinigung von Zahnprothesen oder Brillen.

Der Fokus dieses Buchs ist auf die niedrigen Ultraschallfrequenzen bis zu ca. 70 kHz gerichtet. Ausgehend von den Grundlagen und der nötigen Gerätetechnik wird ein Überblick gegeben, der von den wichtigsten Ultraschallanwendungen in Flüssigkeiten über die Veränderung von Stoffeigenschaften durch Leistungsultraschall bis hin zur medizinischen Therapie reicht.

Reinigung mit Ultraschall

Grundlegendes zum Ultraschall

Jenseits der Hörschwelle

Wörtlich übersetzt bedeutet Ultraschall »jenseits von Schall« oder auch »über Schall hinaus«. Früher galt Ultraschall als Schall, der oberhalb der Hörschwelle des menschlichen Gehörs liegt. Bis heute sind die oberen Grenzen jedoch nicht exakt definiert. Das menschliche Gehör ist zwar in der Lage, Schallwellen bis etwa 40 kHz zu erfassen, es kann sie jedoch in Form von Signalen nicht im Gehirn verarbeiten. Ultraschall zwischen 20 und 40 kHz kann zur Schädigung des menschlichen Gehörs führen. Daher ist beim Arbeiten mit Ultraschall für eine Risikoabschätzung eine normgerechte Messung des Schalldruckpegels am Arbeitsort nach DIN EN 61012 notwendig, welche die hochfrequenten Anteile entsprechend gewichtet.

Kavitation in Flüssigkeiten

Das für jeden wahrnehmbare »zischelnde« Geräusch in einem Ultraschallbad signalisiert das Vorhandensein von Kavitation (Bläschenbildung) in der Flüssigkeit. Das so genannte »akustische weiße Rauschen« kann als unangenehm oder auch als laut empfunden werden. Ab 85 dB(AU) Lärmpegel sollten Schutzmaßnahmen ergriffen werden. Die ultraschallbedingte Kavitation setzt bei niedrigen Frequenzen, zum Beispiel 20 kHz, schon ab einer Schallintensität von ca. 0,1 W/cm^2 in wässrigen Flüssigkeiten ein. Für Ultraschall gelten grundsätzlich die Gesetze der Akustik, d.h. es treten Wellenbeugung, Wellenreflektion und auch stehende Wellen auf. Im Gegensatz zu elektromagnetischen Wellen stellt Ultraschall jedoch keine Strahlung dar. Ultraschallwellen sind immer an Materie gebunden, die Ausbreitung erfolgt mit der für das jeweilige Medium geltenden Schallgeschwindigkeit.

Ultraschallerzeugung

Früher wurden zur Ultraschallerzeugung mechanische Wandler, wie zum Beispiel die so genannte Galton-Pfeife, verwendet. Die Galton-Pfeife ermöglichte zwar das Beschallen sehr großer Flüssigkeitsvolumina mit Ultraschall, hatte jedoch den Nachteil, dass sie einem hohen mechanischen Verschleiß unterlag. Heute benutzt man zum Erzeugen von Ultraschall elektromechanische Wandler oder ganze Wandlersysteme mit verschiedenen Komponenten, z. B. Stufenhörner oder Sonotroden zur Amplitudenverstärkung. Elektromechanische Wandler sind mit magnetostriktiven oder häufiger mit piezoelektrischen Materialien aufgebaute Einheiten, die aufgrund ihrer kostengünstigen Herstellung und hohen Effektivität Standard sind. Ein elektromechanischer Wandler transformiert die von einem Generator gelieferte Hochfrequenzleistung in eine mechanische Wechselleistung mit entsprechender Bewegungsamplitude. Diese mechanische Bewegung wird direkt oder auch verstärkt in eine Flüssigkeit übertragen oder wie beim Ultraschallschweißen auf die Wirkstelle geleitet. Elektromechanische Wandler sind immer als mechanische Resonanzsysteme aufgebaut und müssen deshalb bei einer bestimmten Resonanzfrequenz betrieben werden.

Von der Galton-Pfeife …

… zu elektromechanischen Wandlern

In Abbildung 2 ist der prinzipielle Aufbau eines piezoelektrischen Wandlersystems dargestellt. Das fest verschraubte System besteht hier im einfachsten Fall aus zwei rotationssymmetrischen Metallteilen mit zwei innen liegenden piezokeramischen Lochscheiben. Die Länge des Wandlersystems beträgt in axialer Schwingungsrichtung $\lambda/2$, bezogen auf die materialabhängige Schallgeschwindigkeit für die Grundschwingung. Hilfsweise können derartige Wandler auch auf einer ungeradzahligen Ober-

Prinzipieller Aufbau

8 Grundlegendes zum Ultraschall

Abb. 2:
Prinzipaufbau eines
piezoelektrischen
Wandlers

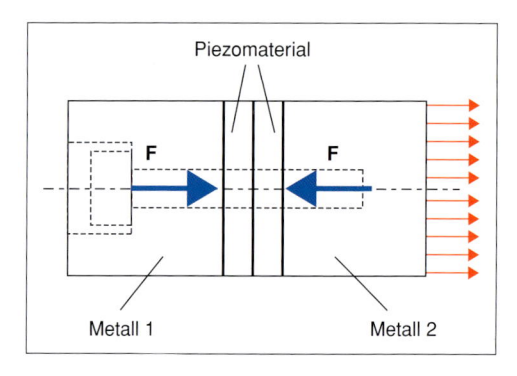

schwingung betrieben werden, was jedoch zu einem spürbaren Wirkungsgradverlust führt.

Ultraschall in Flüssigkeiten – Kavitation

Erzeugung kleinster Vakuumbläschen

Beim Einleiten von Ultraschall in Flüssigkeiten werden durch auftretende Zug- und Druckgradienten mikroskopisch kleine Vakuumbläschen erzeugt, die augenblicklich wieder implodieren (Abb. 3). Dieser Vorgang wird als Kavitation bezeichnet. Mit der Bläschenbildung werden zusätzliche Effekte registriert, wie zum Beispiel weißes Rauschen, Erosion, Lumineszenz oder auch Radikalbildung. Die Kavitation spielt eine zentrale Rolle bei der Anwendung von niederfrequentem Leistungsultraschall in Flüssigkeiten.

Medienabhängigkeit

Entstehung und Eigenschaften der Kavitation werden durch verschiedene Parameter erheblich beeinflusst und sind darüber hinaus auch medienabhängig. So bilden sich beispielsweise in kohlenwasserstoffhaltigen Flüssigkeiten im Vergleich zu Wasser extrem kleine Kavitationsblasen aus. Entstehungszeit und damit Größe und Energie der Kavitationsblasen hängen stark von der Ultraschallfrequenz ab. Ultraschallfrequenz und -amplitude sind darü-

Ultraschall in Flüssigkeiten – Kavitation

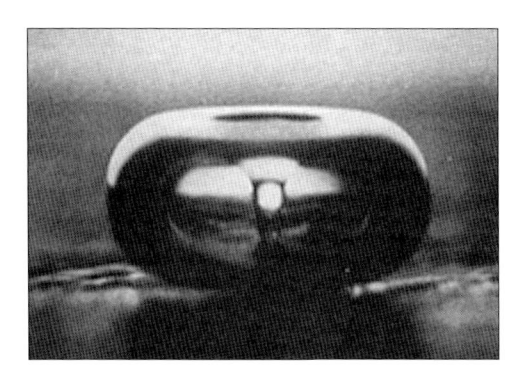

*Abb. 3:
Kavitationsblase an einer Feststoffoberfläche*

ber hinaus bestimmend für die mit Ultraschall erreichbare Schallintensität, die durch ihre jeweils quadratische Abhängigkeit von beiden Größen sehr stark sein kann. Mit steigender Frequenz sinkt die Zeit, die für das Entstehen einer Kavitationsblase zur Verfügung steht. Dabei wird die Kraft und somit die Wirkung der einzelnen Blase geringer, während die Häufigkeit der Blasenbildung dagegen steigt. Deshalb gilt grundsätzlich: Eine hohe Kavitationswirkung lässt sich nur mit einer niedrigen Ultraschallfrequenz erzielen.

Hohe Wirkung bei niedriger Frequenz

Die Zahl der Kavitationsblasen steht im direkten Zusammenhang mit der in die Flüssigkeit eingebrachten Ultraschallenergie. Die Existenz von Kavitationsblasen führt zu Schallstreuung und wirkt deren Ausbreitung im Flüssigkeitsvolumen entgegen. Durch Kavitation nehmen innere Reibung und Erwärmung der Flüssigkeit zu. Dies führt zu einer weiteren Verringerung der Kavitationsaktivität, da sich die Vakuumbläschen mit zunehmender Flüssigkeitstemperatur leichter mit Flüssigkeitsdampf füllen und nicht mehr ihre volle Wirkung entfalten können.

Die einzelne Kavitationsblase in der Flüssigkeit lässt sich in ihrer Wirkung mit einem »Mikro-Presslufthammer« vergleichen, der bei

**Flüssigkeits-
jets und …**

**… Mikro-
strömungen**

der Reinigung den Schmutz von der harten Oberfläche des Objekts absprengt. Eine Ursache für diesen Effekt ist, dass beim Implodieren energiereicher Bläschen zusätzlich Flüssigkeitsjets entstehen, die mit mehrfacher Schallgeschwindigkeit auf die Oberfläche treffen. Kavitationsblasen bewirken aber auch eine Vermischung von Flüssigkeiten und ermöglichen damit das Herstellen äußerst stabiler Emulsionen. Enthalten Flüssigkeiten einen sehr hohen Gasanteil, so kann dieser durch Ultraschallkavitation schnell ausgetrieben werden. Neben der mechanischen Kavitationswirkung haben auch die im turbulenten Umfeld von Kavitationsblasen auftretenden Mikroströmungen eine erhebliche Wirkung. Man nimmt an, dass sie beispielsweise beim Einsatz von Desinfektionsflüssigkeiten zum Desinfizieren von Instrumenten im Ultraschallbad einen wesentlichen Wirkfaktor darstellen. Durch die ständige Benetzung von Instrumentenoberflächen mit frischer Desinfektionslösung werden Mikroorganismen schneller inaktiviert.

Nachweis der Kavitationsintensität

Oft ist die Beurteilung der Leistungsfähigkeit einer Ultraschalleinheit (Wandlersystem oder Ultraschallbad) von Interesse. Elektrische Geräteparameter und erzeugte Wandleramplituden lassen sich messen, auch der Gesamtwirkungsgrad einer Ultraschalleinheit ist kalorimetrisch ermittelbar. Wie ist aber die erwünschte Hauptwirkung – die Kavitationsintensität – für einen Anwender messbar? Auftreten, Häufigkeit, Größe und Verteilung der mikroskopisch kleinen Kavitationsblasen lassen sich nur schwer ermitteln. Früher wurden Schlierenbilder benutzt, um die Verteilung dieser Mikroblasen sichtbar zu machen. Mittlerweile ist in der Norm IEC/TR 60886 eine Aus-

Nachweis der Kavitationsintensität

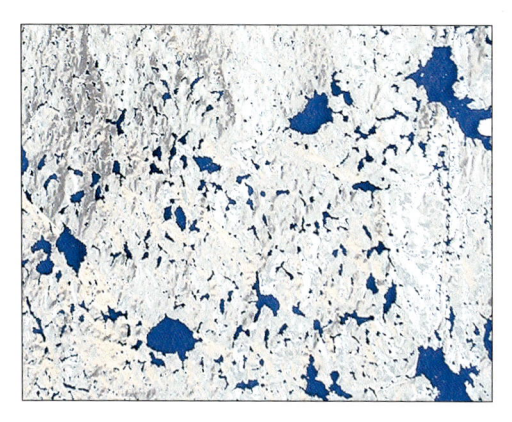

Abb. 4:
Erosionsbild einer
Aluminiumfolie

wahl von Verfahren zum Nachweis der Kavitation erläutert. So lassen sich zum Beispiel Kavitationsstärke und -verteilung in einem Flüssigkeitsvolumen mit dem so genannten Folientest gut ermitteln. Dazu wird eine dünne Aluminiumfolie auf einen Rahmen gespannt und in ein Ultraschallbad eingetaucht. Die innerhalb einer festgelegten Zeit entstehenden Erosionen (Perforationen) der Folie ergeben ein Maß für die Wirkung der Kavitation (Abb. 4). Diese Methode wird am häufigsten eingesetzt, da sie einfach zu realisieren ist und Kavitation sicher nachweist. Neben dem Folientest gibt es aufwändige Mess- und Scanverfahren mit speziellen Sensoren, wie zum Beispiel Hydrophonen, Thermoelementen und Piezosensoren, zur Ermittlung der Kavitationsverteilung im Ultraschallbad.

Folientest oder …

… Mess- und Scanverfahren

Ultraschall-Reinigungstechnik

Die wässrige Ultraschallreinigung ist nicht nur die intensivste und zugleich schonendste Methode, um Teile und Werkstoffe verschiedenster Form, Art und Größe zu reinigen, sondern durch die dabei verwendeten biologisch abbaubaren Reinigungspräparate auch ein sehr umweltfreundliches Verfahren. In den letzten 50 Jahren hat sie sich zur bedeutendsten Anwendung innerhalb der Ultraschalltechnik entwickelt. Zusätzliche Verbreitung erfuhr die Ultraschall-Reinigungstechnik durch die inzwischen europaweit gültigen Verbote für brennbare Lösemittel sowie für Chlor- und Fluorkohlenwasserstoffe (CKWs und FCKWs), die aus Arbeits- und Umweltschutzgründen nicht mehr verwendet werden dürfen.

Bedeutendste Anwendung

Um die Vorteile der wässrigen Ultraschallreinigung vollständig zu nutzen, ist ein Verständnis der entscheidenden Wirkfaktoren erforderlich:

- *Gründlich* durch Ultraschall: Die im Ultraschallbad auftretende Kavitation sorgt für eine intensive und zugleich schonende Ablösung von Schmutzpartikeln. Resultat sind porentief saubere Teile.
- *Wirtschaftlich* durch Zeitverkürzung: Ultraschall plus geeignetes Reinigungspräparat verkürzt die Reinigungszeit bis zu 90 % auf wenige Minuten.
- *Effektiv* durch erhöhte Badtemperatur: Viele Reinigungspräparate entfalten erst in beheizten Ultraschallwannen ihre volle Wirkung.
- *Umweltschonend* durch biologisch abbaubare Reinigungspräparate: Sie fördern die Kavitation, reduzieren die Oberflächenspannung des Wassers, lösen und binden Schmutzpartikel.

> **Hinweis:** Es gibt viele bekannte und weit verbreitete alkalische Präparate (pH-Wert > 7), einige saure Präparate (pH-Wert < 7) und auch neutrale Präparate (pH-Wert = 7) für sehr empfindliche Teile, deren Anwendung auf Verschmutzung und Teilewerkstoff abgestimmt sein muss. Auf die richtige Auswahl eines geeigneten Reinigungspräparats für die wässrige Ultraschallreinigung kann in diesem Rahmen nur hingewiesen werden. Da sie mindestens so wichtig ist wie die Auswahl der benötigten Gerätetechnik, sollte man auf die einschlägige Erfahrung professioneller Anbieter zurückgreifen und sich beraten lassen!

Gerätetechnik

Ein Ultraschall-Reinigungsgerät besteht im Wesentlichen aus vier Baugruppen:

- Einer tiefgezogenen oder geschweißten Wanne aus Edelstahlblech, welche die wässrige Reinigungsflüssigkeit aufnimmt und in der die zu reinigenden Teile direkt oder mit einem Korb eingetaucht werden.
- Einer elektrischen Heizung zur Erwärmung der Reinigungsflüssigkeit. Um einen guten Wärmeübergang zu gewährleisten, ist die Heizung großflächig außen auf der Wanne aufgebracht. **Hauptbaugruppen**
- Einem oder mehreren meist am Boden der Wanne angebrachten Ultraschallwandlern, welche die elektrische Hochfrequenzleistung in hochfrequente mechanische Ultraschallwellen umwandeln und diese in die Flüssigkeit einleiten.
- Einem HF-Generator, der die aus der Steckdose entnommene niederfrequente Netzleistung in Hochfrequenzleistung zum Betreiben der angeschlossenen Ultraschallwandler umwandelt.

14 Ultraschall-Reinigungstechnik

Eine wichtige Rolle spielt letztlich auch die Ultraschall-Betriebsfrequenz der Geräte, die für die industrielle Grobreinigung stark verschmutzter Teile (z. B. Maschinenteile, Motorenteile) zwischen 20 und 25 kHz, für normal verschmutzte oder empfindlichere Teile (z. B. Glaswaren, Siebe, kleinere Metall- oder Elektronikteile) zwischen 30 und 40 kHz liegt.

Kompakte Ultraschallbäder

Kompakte Ultraschallbäder sind meist einteilige Wannengeräte mit stabilem Edelstahlgehäuse, die mit Ultraschallwandlern, gegebenenfalls thermostatisch geregelter Heizung und einem HF-Generator ausgestattet sind. Zum Einsatz kommen auch zweiteilige Geräte mit unbeheizter Einbauwanne für die Tischmontage, separatem Generator und Steuerein-

Abb. 5:
Komplettes Gerät mit Einzelkomponenten

- Wanne mit Heizung
- Ultraschallwandler
- HF-Generator

heit. Abbildung 5 zeigt übersichtlich den Aufbau eines klassischen Ultraschallbads mit Heizung. Dargestellt sind sowohl die Einzelbaugruppen als auch das fertige Gerät.

Die Ultraschallwandler werden generell über eine hochfeste Metallverklebung am Boden der Edelstahlwanne angebracht. Die rechteckförmigen oder auch runden Wannen verfügen über einen überstehenden und abgebogenen Rand und werden von oben in das Gehäuse eingesetzt. Der HF-Generator befindet sich auf einer Bodenplatte im Gerät. Je nach Größe gibt es Wannengeräte mit oder ohne Ablaufhahn. An der Vorderseite sind Bedienelemente zum Einstellen von Betriebszeit (Timer) und Badtemperatur angebracht, der Netzanschluss befindet sich an der Rückseite.

Aufbau

Abb. 6: Verschiedene Zubehörteile

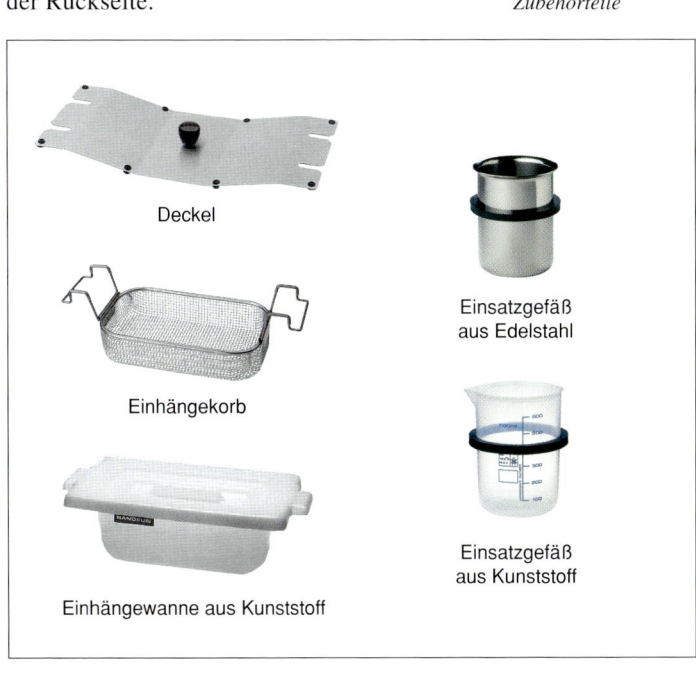

Deckel

Einhängekorb

Einhängewanne aus Kunststoff

Einsatzgefäß aus Edelstahl

Einsatzgefäß aus Kunststoff

Neben der Grundausstattung des Ultraschall-Reinigungsgeräts gibt es Zubehörteile, die – bei richtigem Einsatz – die Ultraschallanwendungen erleichtern und gleichzeitig die Ultraschallwanne und das Reinigungsgut schonen. Nachfolgend eine Auswahl der wesentlichen Zubehörteile (Abb. 6):

Zubehörteile

- Deckel: schützt vor Verschmutzungen, Kondenswasser tropft in die Wanne
- Einhängekorb: ermöglicht die schonende Aufnahme und den schonenden Transport der zu reinigenden Teile
- Einhängewanne aus Kunststoff: schützt die Ultraschallwanne bei Gebrauch aggressiver Reinigungsflüssigkeiten
- Einsatzgefäße: ermöglichen die indirekte Reinigung von Kleinteilen

> **Hinweis:** Für den Reinigungserfolg sind die richtige Auswahl und Anwendung der verfügbaren Gerätetechnik sowie ein geeignetes Reinigungspräparat entscheidend. Das zu reinigende Teil einfach nur in das Ultraschallbad zu legen, kann eventuell zu einem unbefriedigenden Ergebnis führen!

In Abbildung 7 sind beispielhaft drei Varianten typischer Ultraschall-Kompaktgeräte mit unterschiedlicher Ausstattung und Bedienung dargestellt, die für zahlreiche Anwendungen in verschiedenen Größen verfügbar sind. Tabelle 1 zeigt eine Auswahl üblicher Gerätegrößen mit verschiedenen Ultraschall- und Heizleistungswerten. Die Ultraschallfrequenz beträgt 35 kHz.

Trends

Neue Trends in der Geräteentwicklung zielen auf eine höhere Lebensdauer, eine effektivere Generator- und Wandlertechnik, mehr Bedienfunktionen und auf anwendungsgerechtes Zubehör. So benötigen Ultraschallbäder mit *durch-*

Gerätetechnik 17

Abb. 7:
Drei Varianten typischer Ultraschall-Kompaktgeräte
a Rundes Kompaktgerät mit einfacher und sicherer Drehgriffbedienung
b Sprühwassergeschütztes Digitalgerät mit einfacher Tastenbedienung
c Programmierbares Digitalgerät mit Leistungsregelung und Speicherfunktion

gängig eingeschweißten Auslaufbögen an der Wanne keine Dichtmittel mehr und verhindern dadurch Geräteausfälle durch Undichtheiten. Geräte mit so genannter *Sweep-Technologie* arbeiten mit speziellen Methoden der Ultraschall-

18 Ultraschall-Reinigungstechnik

Geräte-Außen-abmessungen (L × B × H)	Schwingwanne, innen (L × B × T)	Arbeits-füllmenge	Ablauf Kugelhahn	Ultraschall-Spitzen-leistung	HF-Leistung	Heiz-leistung
mm	mm	l		W	W_{eff}	W
205 × 100 × 155	190 × 85 × 60	0,6	–	240	30	70
175 × 165 × 225	150 × 140 × 100	1,2	–	240	60	140
260 × 160 × 310	240 × 140 × 150	2,5	G $1/4$	560	140	200
Ø 265 × 270	Ø 240 × 130	4,0	G $1/4$	480	120	–
530 × 165 × 300	500 × 140 × 150	6,0	G $1/4$	860	215	600
750 × 200 × 385	700 × 150 × 180	13,0	G $1/2$	1200	300	–
1050 × 250 × 385	1000 × 200 × 200	26,0	G $1/2$	1200	300	1600
325 × 265 × 350	300 × 240 × 200	8,7	G $1/2$	860	215	400
370 × 280 × 385	330 × 240 × 220	12,0	G $1/2$	1200	300	–
535 × 325 × 400	500 × 300 × 200	19,0	G $1/2$	1200	300	1300
Ø 540 × 500	Ø 500 × 195	28,0	G $1/2$	1200	300	–
655 × 535 × 425	600 × 500 × 200	41,0	G $1/2$	2400	600	–

Tab. 1:
Auswahl verschiedener Gerätegrößen

Frequenzmodulation im Reinigungsbad. Damit wird die Zahl stehender und nur wenig wirksamer Ultraschallwellen im Bad verringert; als Folge davon verbessert sich die Gleichmäßigkeit der Reinigungswirkung auf den Teileoberflächen. Ultraschallgeneratoren mit *mikroprozessorgestützter* Leistungsregelung und Bedienung erhöhen durch moderne Ansteuerverfahren in der Endstufe den Wirkungsgrad der HF-Generatoren und verbessern den Bedienungskomfort durch moderne Funktionsanzeigen und durch die Möglichkeit, bewährte Abläufe zu speichern. Geräte mit *integrierter Kommunikationsschnittstelle* eignen sich besonders für Aufgaben in der Laborautomatisierung, bei der verschiedene Laborgeräte für komplexe Analysen miteinander vernetzt werden.

Leistungsstarke Industriewannen
Für den Reinigungsprozess im Industriebetrieb, der die Verfahrensschritte Reinigen – Spülen – Trocknen umfasst, wird die dafür nötige Gerätetechnik je nach Reinigungsaufgabe

individuell zusammengestellt und kombiniert. Dabei ist zu beachten, dass die Gerätetechnik in der Lage ist, einen hohen Teiledurchsatz und unterschiedlichste Verschmutzungsarten zu bewältigen, und die Aufbereitung des Reinigungsmediums ermöglicht. Zum Reinigen und Spülen im rauen Industriebetrieb werden große, stabile und robust gebaute Wannengeräte bis 250 Liter Badvolumen und mehr eingesetzt. Für Industriewannen sind höhere Ultraschall- und Heizleistungen sowie ein größerer Umfang an Zusatzausstattungen nötig. Die Wannen sind geschweißt sowie mit einem Rand versehen und bestehen aus 2 mm dickem, titanstabilisiertem Edelstahl. Sie verfügen zudem über einen einteilig eingeschweißten Zu- und Ablauf, der einen dauerhaft sicheren Betrieb ermöglicht. Weitere Zusatzkomponenten sind eingebaute Sprührohre zum Beseitigen aufschwimmender Öle und Fette sowie eingebaute Überlauftaschen zum Auffangen bzw. Ableiten der Verunreinigungen. Die Ultraschallleistungen der bei Industriewannen am Boden und an der Seite positionierten Ultraschallwandler liegen bei bis zu 3000 W, die Heizleistungen bei bis zu 7000 W.

Individuelle Konfiguration

Hohe Ultraschall- und Heizleistungen

Industriewannen zum Reinigen und Spülen gibt es in zahlreichen Größen und in sechs Ausstattungsvarianten:

- Geräte mit Ultraschall und Heizung: zum Reinigen, mit Heizung zur Unterstützung der Reinigungswirkung der Chemie
- Geräte mit zusätzlichem Seitenschall und Heizung: verstärkte Ultraschallwirkung für hartnäckige Verschmutzungen
- Geräte mit Ultraschall: zum Reinigen oder Spülen mit Ultraschallunterstützung
- Geräte mit zusätzlichem Seitenschall: zum Reinigen oder Spülen mit verstärkter Ultraschallwirkung

Ausstattungsvarianten

20 Ultraschall-Reinigungstechnik

Abb. 8:
Industriewanne mit schrägem Boden und runden Wannenecken

- Geräte mit Heizung: zum Spülen ohne Ultraschall
- Geräte ohne Ultraschall und ohne Heizung: zur Nutzung bei Kaskadenspülung in mehreren Wannen hintereinander

Werden zusätzlich hohe Ansprüche an Wannenreinigung und -pflege gestellt, ist es möglich, Industriewannen auch mit runden Wannenecken am Boden und an den Seiten sowie mit einem schrägen Wannenboden auszustatten (Abb. 8).

In Tabelle 2 sind beispielhaft für drei typische Industriewannengrößen Arbeitsfüllmenge sowie Ultraschall- und Heizleistung angegeben. Industriewannen in diesem Größenbereich arbeiten mit einer Ultraschallfrequenz von 25 kHz oder wahlweise 40 kHz.

Gerätetechnik 21

Außenmaß (L × B × H)	Schwingwanne, innen (L × B × T*)	Arbeits-füllmenge	Ablauf Kugel-hahn	Ultraschall-Spitzen-leistung	HF-Leistung	Heiz-leistung
mm	mm	l		W	W_{eff}	W
780 × 610 × 800	600 × 450 × 450/470	125	G 1	4000	1 × 1000	4800
1180 × 660 × 800	1000 × 500 × 400/420	190	G 1	4000	2 × 1000	7200
930 × 810 × 800	750 × 650 × 500/520	250	G 1	4000	2 × 1000	7200
*geneigter Wannenboden						

Große Industriewannen mit am Boden und zusätzlich an den Seiten positionierten Ultraschallwandlern, werden oft in zweiteiliger Ausführung, d. h. mit separatem HF-Generator, angeboten. Der Vorteil dieser Ausführung liegt darin, dass mehrere Ultraschallwannen, auch mit verschiedener Ultraschallfrequenz, über einen einzigen HF-Generator versorgt und leicht in eine externe Anlagensteuerung integriert werden können.

Wie bereits erwähnt, besteht der Reinigungsprozess im Industriebetrieb aus den Verfahrensschritten Reinigen, Spülen und Trocknen. Zur Optimierung dieser Einzelprozesse werden an die Industriewannen spezielle Peripheriegeräte angeschlossen oder dazugestellt. *Oszillationsvorrichtungen* an der Wanne beispielsweise verstärken die Reinigungswirkung im Bad durch zusätzliche Auf- und Abbewegung des Warenkorbs. Durch den Einsatz von *Ölabscheider* und *Filtration* können fetthaltige Substanzen abgeschieden sowie Schmutzpartikel ausgefiltert werden. Beide Maßnahmen verbessern die Badpflege und tragen damit zur Badstandzeiterhöhung bei. *Wasseraufbereitungsgeräte* ermöglichen vor dem Trocknen das Spülen mit vollentsalztem Wasser und verhindern somit fleckenbildende Rückstände auf den gereinigten Teilen. *Trockner* beseitigen die Restfeuchte auf dem Reinigungsgut nach dem letzten Spülgang.

Auf Vielfalt und Einsatzmöglichkeiten von Peripheriegeräten kann im Rahmen dieses Buchs

Tab. 2: Leistungsdaten von drei Industriewannen mit schrägem Boden

Peripheriegeräte

22 Ultraschall-Reinigungstechnik

nur hingewiesen werden. Viele Ultraschall-Fachfirmen bieten heute eine intensive Beratung, eine umfassende gerätetechnische Auswahl und darüber hinaus Versuchsreinigungen an, um einen erfolgreichen Reinigungsprozess sicherzustellen.

Schwingplatten, Tauchschwinger und Leistungsgeneratoren

Große industrielle Reinigungsbäder werden mit Schwingplatten oder Tauchschwingern ausgestattet. Bei Schwingplatten werden mehrere Ultraschallwandler gleichen Typs auf ein Edelstahlblech hochfest aufgeklebt und elektrisch parallel miteinander verbunden. Somit entsteht ein Hochleistungs-Schwingsystem, das über die vorderseitige Abstrahlfläche eine große Ultraschallleistung abgeben kann. Als Schwingplatte mit umlaufendem Schraubrahmen wird das Schwingsystem direkt in eine vorbereitete Öffnung am Wannenboden oder an einer Wannenseite eingebaut. Deutlich weniger Aufwand beim Einbau erfordern platzsparende Flachschwingplatten (Abb. 9), die nur über Klemmschienen eingesetzt werden. Bei dieser Ausführung entfallen die sonst üblichen Bohrungen in der Wanne.

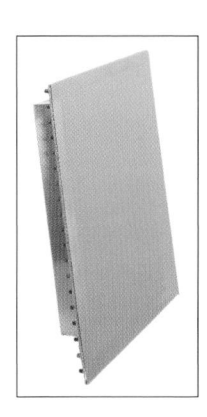

Abb. 9:
Platzsparende Flachschwingplatte aus 3 mm starkem Edelstahlblech

Werden Ultraschallwandler großflächig in ein offenes Edelstahlgehäuse geklebt, anschließend miteinander verdrahtet und zuletzt das Gehäuse rundum dicht verschweißt, entsteht ein Tauchschwinger (Abb. 10). Je nach Ausführung können Tauchschwinger auf unterschiedliche Art und Weise in Wannen eingesetzt werden (Abb. 11):

- Durch Einhängen (mit Aufhängehaken)
- Durch Einschrauben (mit durchsteckbarem Bolzen oder Rohrverschraubung)
- Durch Einlegen (mit einem edelstahlarmierten PTFE-Schutzschlauch)

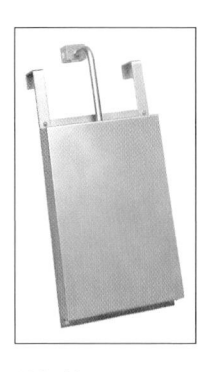

Abb. 10:
Tauchschwinger aus 2 mm starkem Edelstahlblech mit Aufhängehaken

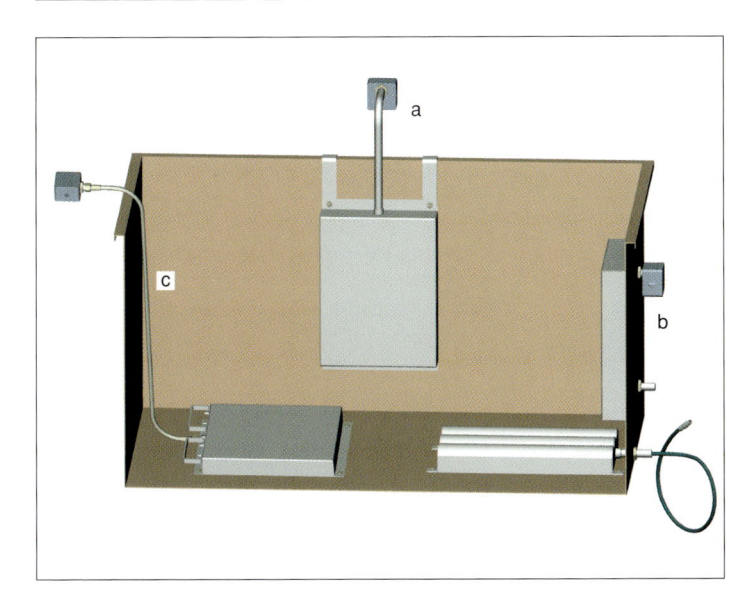

Schwingplatten oder Flachschwingplatten sowie Tauchschwinger gibt es in Leistungsstärken von einigen 100 W bis zu 2000 W und darüber. Relativ neu sind Ausführungen beider Systeme in *sprengplattierter Verbundschalltechnik*. Bei diesen Ausführungen werden massive Aluminium- und 3 mm starke Edelstahlplatten durch Sprengen mit Dynamit untrennbar miteinander verbunden. Es entsteht eine robuste Verbundplatte mit hoher mechanischer Stabilität (Abb. 12). Die Aluminiumseite der Platte wird im Raster konturgefräst. Durch aufgeschraubte PZT-Elemente entsteht eine massive Ultraschall-Wandlerplatte ohne Klebung, die viele Vorteile insbesondere für den extremen Einsatz, z. B. bei hohen Temperaturen und Drücken, aufweist:

- Gleichmäßige Leistungsabgabe über die gesamte Fläche
- Lange Lebensdauer aufgrund geringen Verschleißes

Abb. 11:
Montagebeispiele für Hochleistungs-Schwingsysteme in einer Wanne
a Mit Aufhängehaken
b Mit Bolzen oder Rohrverschraubung
c Mit edelstahlarmiertem PTFE-Schutzschlauch

Abb. 12:
Verbundschall-Flachschwingplatte mit 3 mm starker Edelstahlplattierung

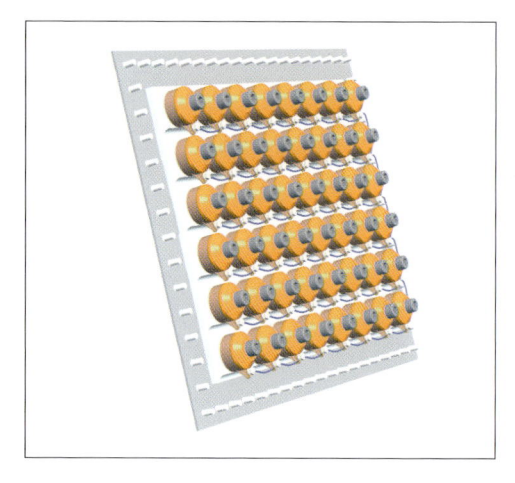

- Druck- und Vakuumtauglichkeit
- Temperaturstabilität bis maximal 180 °C

Flachschwingplatten und Tauchschwinger sind serienmäßig in vielen verschiedenen Größen und Leistungsklassen verfügbar, können aber darüber hinaus auch kundenspezifisch gefertigt werden. Üblicherweise arbeiten sie im Ultraschall-Frequenzbereich zwischen 25 und 40 kHz.

Verbundschallsysteme werden in bestimmten Rastermaßen gefertigt. In Tabelle 3 ist eine Auswahl von Verbundschallsystemen für eine Betriebsfrequenz von 25 kHz aufgeführt.

Tab. 3:
Auswahl von Verbundschallsystemen für 25 kHz

Für den Betrieb von Schwingplatten und Tauchschwingern werden leistungsstarke HF-

Verbundschall	Tauchschwinger und Flachschwingplatten		
HF-Leistung effektiv Watt	Schallabstrahlende Fläche (L x B) mm	Tauchschwinger Außenmaß (L x B) mm	Flachschwingplatte Außenmaß (L x B) mm
500	558 × 198	618 × 198	605 × 255
750	414 × 342	474 × 342	455 × 405
1000	558 × 342	618 × 342	605 × 405
1500	558 × 486	618 × 486	605 × 555

Gerätetechnik 25

Generatoren benötigt. Diese sind für den flexiblen Einsatz meist modular aufgebaut und enthalten steckbare, nach Leistungen gestaffelte Generatormodule und verschiedene Bedienmodule zum Einstellen und Anzeigen der Parameter (Abb. 13). Moderne Mikroprozessor- und Leistungstechnik und ein weitgehend per Software programmierbarer Betrieb sichern einen hohen Wirkungsgrad der HF-Generatoren bei stabilen Ausgangsleistungen und störungsfreiem Betrieb. Schnittstellen oder Fernsteuer-

Abb. 13:
Links: Generatormodul
Rechts: Bedienmodul mit LCD-Display

Abb. 14:
Mit vier Generatormodulen ausgerüsteter HF-Industriegenerator (bis 6000 W)

anschlüsse für übergeordnete Steuerungen und individuelle Programmierungen erlauben einen flexiblen Einsatz.

Die Gesamtleistung der anzuschließenden Schwingsysteme bestimmt die Anzahl der Generatormodule und damit die Größe des Generatorgehäuses. Es gibt kleinere Tischgehäuse und größere Industriegehäuse mit herausnehmbaren Geräteeinschüben für den Schaltschrankeinbau (Abb. 14).

Einsatzgebiete

Entfernung von hartnäckigem Schmutz

Die wässrige Ultraschallreinigung löst Reinigungsprobleme in nahezu allen Bereichen. Innerhalb kürzester Zeit können Öle, Fette, Wachse, Harze, Verkokungen, Lötpasten, Bearbeitungsrückstände, Oxidschichten, Zemente, Farbrückstände, Salze, auch Bakterien oder sonstige hartnäckige Verunreinigungen vollständig entfernt werden. Die Handhabung ist einfach und sicher. Im Vergleich zu herkömmlichen Reinigungsprozessen ist ein geringerer Einsatz an chemischen Zusätzen erforderlich. Die wässrigen Reinigungspräparate können alkalisch, neutral oder sauer sein.

Ultraschall besitzt die Eigenschaft, gebundene Gasbestandteile in der zu beschallenden Flüssigkeit freizusetzen. Diesen durch Kavitation verursachten Vorgang erkennt man am Aufsteigen vieler kleiner Gasbläschen nach Einschalten des Bads. Da die Gasbläschen eine weitere Ausbreitung des Ultraschalls und somit die Reinigung beeinträchtigen können, muss vor Beginn der Reinigung die Flüssigkeit durch Zuschalten des Ultraschalls vollständig entgast werden.

Vollständige Entgasung

Die Abmessungen der zu reinigenden Teile bestimmen die zu wählende Gerätegröße. Die Teile sollten nie gestapelt werden. Neben den Teileabmessungen spielt auch die Leistungsdichte im Bad eine erhebliche Rolle. Ein guter

Richtwert liegt beispielsweise bei 10 W/l, es können aber auch bei bestimmten Anwendungen schon 5 W/l ausreichend sein, während andere Anwendungen 25 W/l erfordern. Die nachfolgenden Kapitel beschreiben die wichtigsten Anwendungsbereiche.

Leistungsdichte von 10 W/l

Kleinteilereinigung in Labor und Gewerbe

Im *Labor* ist die Reinigung technischer Glaswaren jeglicher Art von grundsätzlicher Bedeutung, denn mit unsauberen Geräten sind Versuchsergebnisse in Folge möglicher Verschleppungen von Verunreinigungen nicht reproduzierbar. Toleranzen an Glas-Volumenmessgeräten wie z. B. Büretten oder Pipetten

Abb. 15: Ultraschall-Pipettenreiniger

Spezieller Ultraschall-Pipettenreiniger

können nur korrekt eingehalten werden, wenn die Oberflächen fettfrei und sauber sind, sodass die eingemessene Flüssigkeit ohne Tröpfchenbildung an der Glaswand ablaufen kann. Für diese Anwendung wurden speziell Ultraschall-Pipettenreiniger mit automatischer Spülung nach dem Siphonprinzip entwickelt (Abb. 15).

Auch zur Reinigung von *Analysensieben* sind Ultraschallbäder sehr gut geeignet. Die Siebe sollten vor dem ersten Einsatz und nach jedem Gebrauch gründlich und schonend gesäubert werden, denn die Genauigkeit nachfolgender Siebanalysen hängt vom Sauberkeitsgrad der verwendeten Siebe ab. Verfügen die Analysensiebe über Maschenweiten < 500 µm, sollten sie generell im Ultraschallbad gereinigt werden. Eine manuelle Reinigung kann schnell das Siebgewebe zerstören, sodass keine exakten Analysenergebnisse mehr gewährleistet sind. Der Einsatz von Ultraschall

Schonende Reinigung

dagegen garantiert eine besonders schonende Reinigung; Gewebespannung und Maschenweite bleiben erhalten, die Lebensdauer der Siebe wird verlängert. Inzwischen werden nicht nur runde Ultraschallbäder für die Einzelsiebreinigung angeboten, sondern auch größere eckige Bäder mit entsprechenden Aufnahmevorrichtungen für Siebe aus Siebtürmen (Abb. 16).

Reinigung von Brillen und Schmuck

Optiker setzen die Ultraschallbäder für die Reinigung von Brillengestellen oder -scharnieren und -gläsern ein. *Juweliere* nutzen die Bäder für die Reinigung von getragenem Schmuck oder mechanischen Teilen aus Uhren. Um noch anhaftende Schleif- und Polierpasten aus der Schmuckfertigung zu entfernen, ist es wichtig, besonders robuste Geräte einzusetzen, da die Pasten eine stark abrasive Wirkung haben. Hier empfehlen sich Ultraschallbäder mit geschweißten Wannen aus

Einsatzgebiete 29

*Abb. 16:
Reinigung von
Analysensieben*

2 mm titanstabilisiertem Edelstahl, die über eine längere Lebensdauer verfügen.
Antiquitätengeschäfte, Museen oder *Sammler von Münzen* machen sich die Ultraschallreinigung zunutze, um hochwertige oder auch seltene Stücke mit metallischer Oberfläche oder Münzen (Abb. 17) schonend zu reinigen bzw. zu entoxidieren.
Kfz-Werkstätten sind häufig mit hartnäckigen Belägen beispielsweise im Motorvergaser konfrontiert, die sich aufgrund von Ablagerungen und Patina bilden und nur sehr schwer entfernt werden können (Abb. 18). Nachhaltige Abhilfe schafft hier ein beheiztes Ultraschallbad. Selbst engste Düsenröhrchen werden sauber, ohne dass der Vergaser vollständig demontiert werden muss. Nach der Reinigung lässt sich der Vergaser wieder korrekt einstellen – eine tadellose Gasannahme ist garantiert.
Weitere wichtige Anwendungen sind z. B. die Reinigung von Jalousien, von Druckerköpfen aus Tintenstrahldruckern, von Modellbauteilen oder Airbrushdüsen.

*Abb. 17:
Münze – zur Hälfte
mit Ultraschall
gereinigt*

30 Ultraschall-Reinigungstechnik

Abb. 18:
Links: Vergaser vor der Ultraschallreinigung
Rechts: Vergaser nach der Ultraschallreinigung

Trocken- oder Nassablage

Konzentrations-Zeit-Schema

Instrumentenaufbereitung in der Medizin
Die gesetzlichen Vorschriften (BGV C8 Gesundheitsdienst u. a.) fordern für die Aufbereitung medizinischer Instrumente zusätzlich zur Reinigung die Desinfektion zum Schutz der Beschäftigten. Bei der manuellen Aufbereitung der Instrumente erfolgen Desinfektion und Reinigung durch Ultraschall in einem Arbeitsgang. Nach der so genannten »Trockenablage« (Instrumentenablage in Körben) werden die Instrumente in einer Desinfektionslösung beschallt und somit desinfiziert und gereinigt. Nach der »Nassablage« oder der maschinellen Aufbereitung (Thermodesinfektor) wird Ultraschall nur zur Reinigung eingesetzt, da die Desinfektion zuvor auf andere Weise erreicht wurde.

Die chemische Desinfektion muss in einem festgelegten Konzentrations-Zeit-Schema erfolgen. Die Deutsche Gesellschaft für Hygiene und Mikrobiologie (DGHM) veröffentlicht regelmäßig eine verbindliche Liste mit getesteten Desinfektionspräparaten und den dazugehörigen Konzentrations-Zeit-Angaben. Der Ultraschall ermöglicht hier Einsparungen durch Verringerung der Konzentration bei gleicher Zeit oder eine Verkürzung der Einwirkzeit bei gleicher Konzentration (Abb. 19). Die Verkürzung der Einwirkzeit wird durch verschiedene Faktoren erreicht:

Verkürzung der Einwirkzeit

- Auflösung der Verschmutzung durch Ultraschallkavitation
- Abtransport der Verschmutzung durch Mikroströmung
- Versorgung mit frischer Desinfektionslösung durch Ultraschallströmung
- Sonochemische Verstärkung der Wirkung der Desinfektionslösung

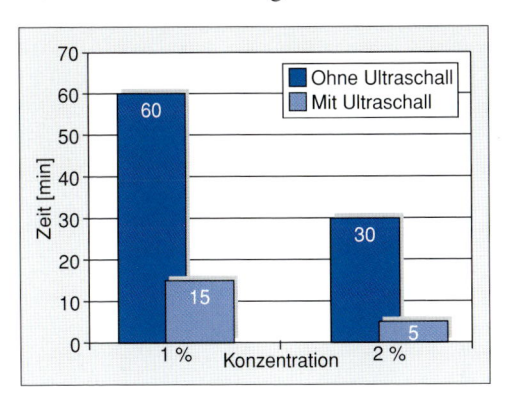

Abb. 19: Verkürzung der Einwirkzeit durch Ultraschall am Beispiel eines auf Aminpropionat basierenden Desinfektionspräparats

Nicht alle Desinfektionspräparate erreichen die gewünschte Verkürzung der Einwirkzeit, da einige Präparate für den Einsatz im Ultraschallbad weniger geeignet sind.

Für eine optimale Aufbereitung müssen die Instrumente locker gepackt in das Ultraschallbad eingebracht werden. Zum Schutz liegen die empfindlichen Mikroinstrumente auf einer Silikon-Noppenmatte (Abb. 20). Nach der Desinfektion erfolgt eine gründliche Spülung und Trocknung vor dem Sterilisationsprozess.

Schutz durch Silikon-Noppenmatte

Bei der Desinfektion kommen unbeheizte Geräte zum Einsatz, da sonst die Koagulation des Eiweißes die Desinfektion verhindert. In der

32 Ultraschall-Reinigungstechnik

Abb. 20:
Mikroinstrumente auf Silikon-Noppenmatte

Arztpraxis werden einteilige Tischgeräte bevorzugt, im Krankenhaus dagegen zweiteilige Geräte, wobei hier die Ultraschallwanne unter die Arbeitsplatte eingebaut wird. Die Füllhöhenmarkierung in der Ultraschallwanne ermöglicht in Verbindung mit Dosiertabellen den sicheren Ansatz der Desinfektionslösung.

Sonderfall Grundreinigung

Ein Sonderfall ist die so genannte Grundreinigung der Instrumente in erwärmten Reinigungslösungen mit Spezialpräparaten. Diese Grundreinigung wird in der Regel nur dann angewendet, wenn das Reinigungsgut eingebrannte Verschmutzungen oder Verfärbungen aufweist. Erst bei der Grundreinigung können diese Verschmutzungen mit Ultraschall vollständig entfernt werden (Abb. 21).

Abb. 21:
Schmutz an einer Pinzette, der bei der Grundreinigung mit Ultraschall entfernt werden kann

Auch ausgemusterte Instrumente lassen sich so aufbereiten und anschließend erneut einsetzen. Damit können erheblich Kosten eingespart werden.

Industrielle Teilereinigung
Auch in der Industrie bietet der Einsatz von Ultraschall oft die Problemlösung für viele Reinigungsaufgaben. Komplizierte Sacklöcher, Kleinstbohrungen, Kühlrippen oder Lötstellen können schnell und gründlich gereinigt, Korrosionsschichten, Schmierstoffe und andere Verunreinigungen von Werkzeugen, Gehäusen, Ventilen oder Pumpenteilen entfernt werden. Hartnäckige Verharzungen an Werkzeugen aus der *Holzindustrie* werden schnell und schonend beseitigt, sodass z. B. völlig verschmutzte Fräser anschließend wieder problemlos eingesetzt werden können. Aber auch andere Verschmutzungen jeglicher Art an den Schneiden von Holzwerkzeugen behindern beim Nachschleifen den Abtrag mit der Diamantschleifscheibe. Bei der Reinigung mit Ultraschall werden alle Verunreinigungen minutenschnell, rückstandsfrei und ohne manuelles Schaben oder Kratzen entfernt (Abb. 22). So bleiben Werkzeug und Schneide unbeschädigt.

In der *Medizintechnik,* z. B. bei der Herstellung von Implantaten, werden höchste Reinheitsanforderungen gestellt, die nur mit einem individuell abgestimmten Ultraschall-Reinigungsprozess, bestehend aus verschiedenen Reinigungs- und Spülbädern, sowie mit geeigneten Peripheriegeräten erfüllt werden können.

Im Bereich des *Arbeits- und Brandschutzes* sind Teile aus Lungenautomaten, Mundstücke, Druckventile, Atemfaltenschläuche, Schutzbrillen oder Atemschutzmasken nach jeder Nutzung verschmutzt bzw. mit Krankheitserregern kontaminiert. Um die Einsatzbereitschaft dieser wichtigen Teile erneut herzustellen,

Abb. 22:
Sägeblatt mit Verbrennungsrückständen – zur Hälfte mit Ultraschall gereinigt

34 Ultraschall-Reinigungstechnik

werden diese im Ultraschallbad wieder aufbereitet (Abb. 23). Durch den Einsatz eines Desinfektions- und Reinigungspräparats werden Bakterien, Pilze und Viren inaktiviert. Bei stark verschmutzten Atemschutzmasken wird vorher ein alkalischer Reiniger eingesetzt, der für eine rückstandsfreie Entfernung von Verrußungen und Fetten sorgt. Durch den Einsatz von Ultraschall werden die Masken ohne Zerkratzen der Sichtblende sowie ohne Beschädigung von Gummiteilen zuverlässig gereinigt und für den nächsten Einsatz zur Verfügung gestellt. Die schonende sowie schnelle Reinigung spart somit Zeit und Kosten.

Vorbereitende Reinigung

Teile, die zur Vorbereitung für den nachfolgenden *Galvanisierprozess* mit Ultraschall gereinigt und entfettet werden, sind auf Gestellen teilweise senkrecht übereinander aufgesteckt.

Abb. 23:
Reinigung von Atemschutzmasken

Hier ist darauf zu achten, dass die abstrahlende Fläche des Hochleistungs-Schwingsystems sämtliche Teile ganzflächig beschallt. Dazu werden die Hochleistungs-Schwingsysteme als Tauchschwinger oder Schwingplatten an den Seiten der Wanne angebracht, um einen annähernd gleichen Abstand zu den Teilen zu erreichen und so genannte Schallschatten zu vermeiden. Nach der anschließenden Spülung in Wasser stehen die Teile für den nachfolgenden Galvanisierprozess sofort zur Verfügung, ohne dass sie umsortiert werden müssen.

Der Einsatz von Ultraschall bei der Reinigung bestückter *Leiterplatten* während des Herstellungsprozesses hat heute sehr große Bedeutung erlangt. Flussmittelrückstände können im späteren Einsatz z. B. an den Anschlüssen zu Korrosion führen, Lötdämpfe sich auf empfindliche Kontakte legen und Störungen hervorrufen. Zinnspritzer kleben oft auf der Schicht des Flussmittels fest, lösen sich später und verursachen Geräteausfälle. Wird dem Ultraschallbad ein stark alkalischer Reiniger zugesetzt, lassen sich diese Verunreinigungen problemlos von den Leiterplatten entfernen. Wichtig ist, dass anschließend eine Abschlussspülung in vollentsalztem Wasser sowie eine gründliche Trocknung der Leiterplatten durchgeführt wird.

Reinigung von Leiterplatten ...

Bei der Reinigung von *elektronischen Baugruppen* aus Handys, Getränkeautomaten oder Computern müssen häufig Getränkerückstände oder Umweltverschmutzungen entfernt, aber auch Leiterbahnen entoxidiert werden. Mithilfe der Ultraschallreinigung können diese Baugruppen wieder regeneriert werden – eine kostspielige Reparatur wird vermieden.

... und elektronischen Baugruppen

Generell lässt sich sagen, dass die Ultraschallreinigung inzwischen in nahezu allen Bereichen der Industrie Einzug gehalten hat – insbesondere auch nach allen spanabhebenden Fertigungsschritten, nach Schleif-, Läpp- und Polierprozessen in der Metallbearbeitung sowie in der Fertigung von feinoptischen Linsen, Prismen oder auch Brillengläsern. Aufgrund der enormen Anwendungsbreite sind die Anforderungen an die Ultraschallbäder und die dazugehörigen Peripheriegeräte höchst unterschiedlich. Letztlich werden die Anforderungen vom jeweiligen Anwendungsfall bestimmt.

Ultraschall-Verfahrenstechnik

Die durch piezoelektrische Wandler – auch in Kombination mit schallfokussierenden Sonotroden – erzeugbaren Schwingungsenergien hoher Leistungsdichte haben zu einer Reihe von inzwischen teilweise standardisierten Leistungsschallverfahren in Labor und Industrie geführt. Dabei ist zu beobachten, dass Leistungsschallverfahren in immer neuen Bereichen zum Einsatz kommen und Verfahren, die früher ausschließlich auf den Laborbereich beschränkt waren, sich zunehmend industriell umsetzen lassen.

Immer neue Einsatzbereiche

Ultraschallbäder für Analytik und Probenvorbereitung im Labor

Ultraschallbäder werden im Labor nicht nur für die Reinigung eingesetzt, sondern auch zum Homogenisieren oder Entgasen von Proben als Vorbereitung für eine nachfolgende Analyse. Hier einige Beispiele, die die Bedeutung des Einsatzes von Ultraschallbädern im Labor bei der Qualitätssicherung unterstreichen.

In der *Getränkeindustrie* ist es tägliche Praxis, den Anteil an vorgeschriebenen Inhaltsstoffen in repräsentativen Getränkeproben regelmäßig zu kontrollieren. Durch die stark entgasende Wirkung von Ultraschall kann die enthaltene Kohlensäure, zum Beispiel aus Bierproben, schnell und vollständig entfernt werden. Bevorzugt kommen Ultraschallbäder mit einer Funktionstaste für die Schnellentgasung zum Einsatz. Erst nach erfolgter Entgasung liefern nachfolgende Analysen zur Bestimmung von Alkoholgehalt, Stammwürze, Dichte und Gärungsgrad reproduzierbare Ergebnisse.

Getränkeindustrie

38 Ultraschall-Verfahrenstechnik

Abb. 24:
Qualitätsprüfung von Lebensmitteln

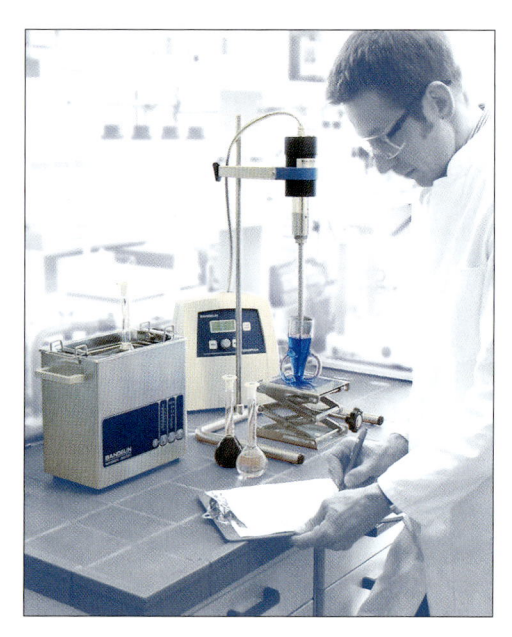

Qualitäts-prüfung von Lebensmitteln

Bei der *Qualitätsüberprüfung von Lebensmitteln* spielt zunehmend die Schadstoffbelastung, zum Beispiel durch Pflanzenschutzmittel-Rückstände, eine wichtige Rolle. Die Lebensmittelproben müssen für die Untersuchung zunächst vollständig homogenisiert werden. Dazu werden die vorzerkleinerten Proben in Laborgefäßen mit einem Lösemittel versetzt und anschließend im Ultraschallbad behandelt (Abb. 24). Man erhält so innerhalb kürzester Zeit eine besonders homogene Suspension, die eine zuverlässige qualitative und quantitative Bestimmung geringster Schadstoffmengen ermöglicht.

Beton-herstellung

Bei der *Herstellung von Beton* ist die regelmäßige Ermittlung des Frost-Tausalz-Widerstands eine entscheidende Qualitätskenngröße zur Beurteilung der Eignung von Zuschlagstoffen. Auch bei neu erschlossenen Sand-

oder Kiesvorkommen wird diese Erstprüfung an Beton empfohlen. Dazu wird die Betonprobe zunächst einem mehrstündigen Frost-Tausalz-Wechsel unterzogen. Zum Entfernen der losen Abwitterung wird die Betonprobe in einem Ultraschallbad, das mit einer Prüflösung befüllt ist, zwei Minuten beschallt. Anschließend werden die Abwitterungen aus der Lösung herausgefiltert und ihre Masse bestimmt. Die abgewitterte Masse ist ein Maß für den Frost-Tausalz-Widerstand.

In der *Hochleistungs-Flüssigkeits-Chromatografie* (HPLC; engl. High Performance Liquid Chromatography) müssen die Lösemittel (Eluenten) vor dem Gebrauch völlig entgast werden, da die gelöste Luft in Form von Blasenbildung Probleme verursacht. Auch gelöste Sauerstoffanteile stören bei der Detektion sauerstoffempfindlicher Substanzen und beeinträchtigen darüber hinaus bestimmte Wirkphasen, zum Beispiel Aminophasen. Ein weit verbreitetes Verfahren zur Entgasung der Löse-

HPLC

Abb. 25: Lösemittelentgasung in der HPLC

mittel bei der HPLC ist das Beschallen im Ultraschallbad (Abb. 25). Es stellt eine gute Alternative zur teuren Heliumentgasung dar. Mit einer zusätzlichen Schnellentgasungsfunktion am Ultraschallbad lässt sich der Vorgang noch beschleunigen. Die erreichbare Gasfreiheit ist so gut, dass das HPLC-Lösemittel noch mehrere Tage verwendbar ist.

Packen von Trennsäulen

Eine weitere Anwendung in der HPLC stellt das »Packen« von Trennsäulen dar. Während des Nass-Packens – für Materialien mit einem Teilchendurchmesser kleiner 20 µm – muss die Suspension stabil bleiben und es darf keine Absetzung oder Agglomeration der Teilchen stattfinden. Um dies zu gewährleisten, wird der Feststoffanteil (Packungsmaterial) vorher in einem Lösemittel suspendiert und entgast. Dies geschieht ebenfalls im Ultraschallbad. Die dabei entstehende milchig-dickflüssige Suspension (Slurry) wird anschließend in die Trennsäule gepackt. Die Ergebnisse bei der nachfolgenden HPLC sind dann reproduzierbar.

Reaktoren und Spezialwandler für Technikum und Industrie

Ausführungen

Ähnlich wie bei den Tauchschwingern (siehe Kap. »Schwingplatten, Tauchschwinger und Leistungsgeneratoren«, S. 22 ff.) lassen sich

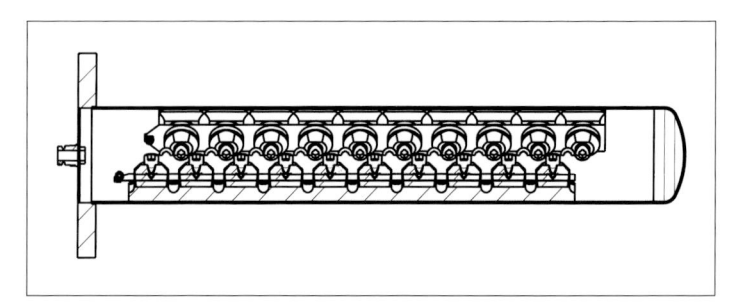

Abb. 26: Rundtauchschwinger

Ultraschallwandler gleichen Typs auch auf krummflächigen Körpern, zum Beispiel der Innenseite eines Edelstahlrohrs, hochfest aufkleben und elektrisch parallel miteinander verbinden. Schweißt man die Rohrenden zu und versieht das Edelstahlrohr mit einem HF-Anschlusskabel, so entsteht ein Rundtauchschwinger (Abb. 26), über dessen Außenfläche große Ultraschallleistungen abgegeben werden können.

Rundtauchschwinger

Die feste Montage von einzelnen Ultraschallwandlern im Rohr ist nicht möglich, deshalb werden Gruppen von Wandlern mittels langer Koppelschienen vorher aufgebaut und erst anschließend im Rohr gleichzeitig befestigt. Die Montage ist zwar kompliziert, dafür zeich-

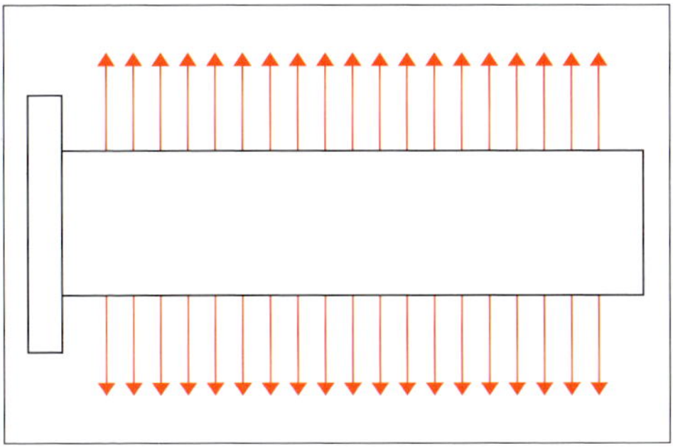

Abb. 27:
Stilisiertes Schallfeld eines Rundtauchschwingers

net sich der Rundtauchschwinger durch ein sehr gleichmäßig, radial wirkendes Schallfeld (Abb. 27) sowie durch äußerst geringe Kavitationserosion aus.

Auch halbseitig gewölbte Flächen lassen sich in ähnlicher Weise mit Wandler-Koppelschienen bestücken und zu Tauchschwingern mit einer konkaven (Abb. 28 links) oder konvexen Abstrahlfläche (Abb. 28 rechts) konfigurieren. Verbreitet sind auch lange massive Stab- oder Rohrwandler, bei denen der Stab oder das Rohr durch ein einziges Hochleistungs-Wandlersys-

Konkave oder konvexe Abstrahlfläche

42 Ultraschall-Verfahrenstechnik

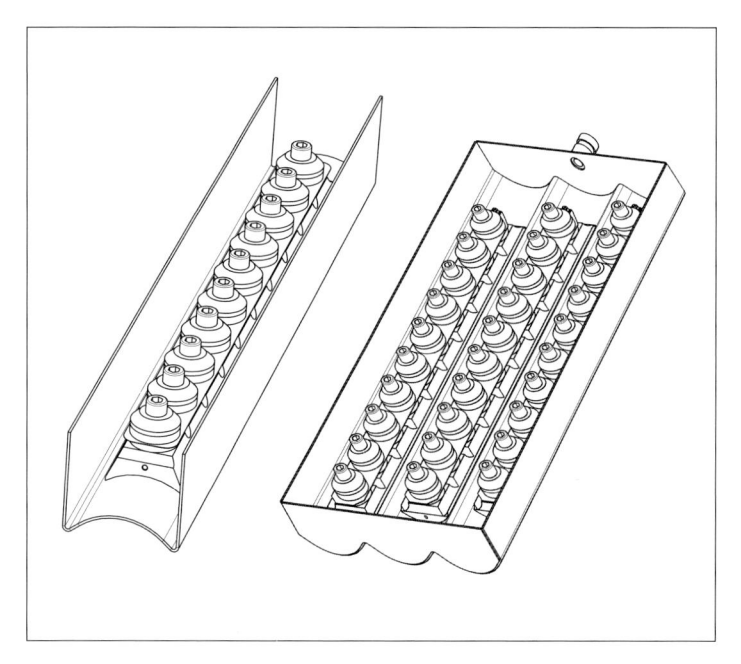

Abb. 28:
Links: offener konkaver Tauchschwinger
Rechts: dreireihiger, offener konvexer Tauchschwinger

tem zu Resonanzsschwingungen in Längsachsenrichtung angeregt wird. Die Ultraschallenergie wird aber hierbei als transversale Komponente der Dehnungsschwingung durch eine abschnittsweise Dickenänderung des Stabs oder des Rohrs (Querkontraktion) über die Außenfläche abgegeben (Abb. 29).

Alle beschriebenen Wandlerarten werden standardmäßig für Betriebsfrequenzen von 25 bis 40 kHz und für Leistungen bis zu 1000 W und mehr gefertigt.

Mit Rohrtauchschwingern, Stab- oder Rohrwandlern lassen sich relativ einfach Reaktoren für intensive Durchflussbeschallungen großer Volumina aufbauen. Dazu werden die Wandler vorzugsweise in robuste, zylinderförmige Edelstahlbehälter mit begrenztem Wirkvolumen eingebaut.

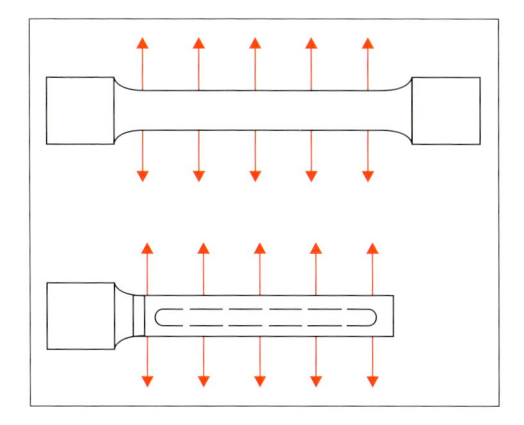

Abb. 29: Prinzipielle Darstellung des Schallfelds eines Stab- (oben) und eines Rohrwandlers (unten)

Befinden sich die Zu- und Abflussöffnungen in entgegengesetzter Richtung, z. B. an der Reaktorober- und -unterseite, ist gewährleistet, dass die Durchströmung des Mediums über die gesamte Abstrahlfläche des Wandlers erfolgt und damit sehr effektiv ist.

In Abbildung 30 ist ein besonders effektiver Rohrreaktor dargestellt, bei dem das Durchströmvolumen auf einen kleinen Reaktionsspalt zwischen dem inneren Rohrtauchschwinger und dem zylindrischen Reaktorgehäuse begrenzt ist. Durch diesen kleinen Reaktionsspalt kommt es zu einem besonders intensiv verwirbelten Kavitationsfeld ohne stehende Wellen. Mit diesen so genannten Sonoreaktoren lassen sich sehr hohe Leistungsdichten bis zu ca. 1000 W/l und mehr erzielen.

Kleiner Reaktionsspalt

Im Einsatz sind auch Durchflussreaktoren, bei denen runde oder rechteckförmige Edelstahlrohre mit einzelnen Wandlern von außen bestückt werden. Die Enden sind mit entsprechenden Standardflanschen versehen, um eine schnelle Installation sicherzustellen. Zum Beispiel lassen sich die breiten Flächen von Edelstahl-Rechteckrohren sehr einfach mit Ultraschallwandlern bestücken. Querschnitt, Durch-

Enden mit Standardflanschen

44 Ultraschall-Verfahrenstechnik

Abb. 30:
Rohrreaktor mit
HF-Generator
(1000 W, 40 kHz)

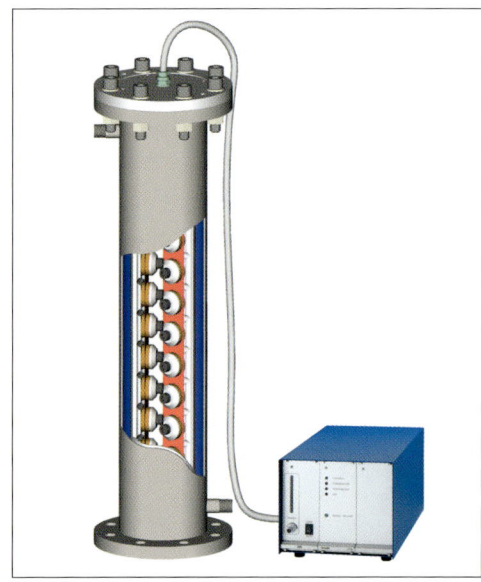

Abb. 31:
Durchflussreaktor-
system mit
HF-Generator
(1000 W, 25 kHz)

flussrate und die Wandlerbestückung können gut auf den jeweiligen Anwendungsfall abgestimmt werden. Abbildung 31 zeigt ein rechteckförmiges Durchflussreaktorsystem (Leistung 1000 W, Arbeitsfrequenz 25 kHz) für die Abwasseraufbereitung. Die Länge des Reaktors beträgt ca. 1 m, die maximale Leistungsdichte etwa 1000 W/l.

Longitudinale Spezialwandler

Longitudinale Spezialwandler für die Beschallung von sehr dünnen Produkten, beispielsweise Fäden oder Drähte, bestehen aus einem durchbohrten Stab, der mittig oder auch von außen über einen Ultraschallwandler angeregt wird. Der massive Stab besteht aus einer schwingungsfesten Titanlegierung und kann neben der Längsbohrung auch Querbohrungen

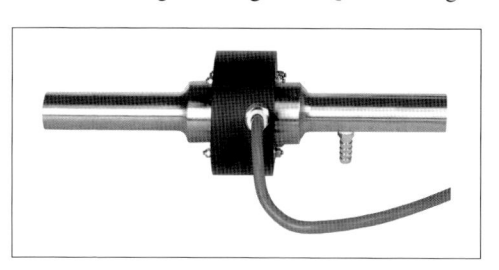

Abb. 32:
Stabwandler mit Innenbohrung

aufweisen. Die Bohrungsdurchmesser können bis zu 10 mm betragen. Abbildung 32 zeigt einen Stabwandler mit Innenbohrung.

Einsatz in Sonochemie, Produktionstechnik und Biotechnologie

Mit der Entwicklung von industrietauglichen Ultraschallreaktoren und -spezialwandlern gelingt es zunehmend, einige bekannte Effekte und Prozesse aus der üblichen Laborpraxis in industriellen Anwendungen umzusetzen. Dabei ist nicht jeder Ansatz von Erfolg gekrönt, da ein durchgängiger Dauerbetrieb in industrienaher Umgebung zusätzliche Anforderungen an die Gesamtausrüstung stellt und auch der not-

46 Ultraschall-Verfahrenstechnik

wendige Energieeinsatz die Wirtschaftlichkeit einer großen Ultraschallausrüstung in Frage stellen kann. Aufgrund der ultraschallspezifischen Kavitationswirkung gibt es aber inzwischen eine Vielzahl von Prozessen, die nur mit Ultraschall funktionieren, und solche, bei denen die Effektivität der Prozesse mit Ultraschall erheblich gesteigert werden kann. Dazu gehören unter anderem Entgasungsprozesse, die Herstellung von Emulsionen/Suspensionen, die Beschleunigung chemischer/elektrochemischer Reaktionen oder biotechnologische Fermentations- und Aufbereitungsverfahren. Nachstehend eine kurze Auswahl verschiedener Ultraschallapplikationen.

Getränke-industrie

In der *Getränkeindustrie* wird bei kohlensäurehaltigen Produkten am Ende des Abfüllprozesses die Verschlussdichtigkeit jeder Flasche geprüft. Dazu läuft das Förderband mit den Flaschen durch eine Entgasungswanne, die mit leistungsstarken Spezialtauchschwingern ausgerüstet ist. Ein schäumender, also undichter Verschluss wird optisch detektiert und die Flasche automatisch ausgeschleust (Abb. 33).

Herstellung von Filmmaterial

Bei der *Herstellung von Filmmaterial* werden hochviskose Gelatine-Gießlösungen auf ein spezifisches Trägermaterial aufgebracht. Die Gießlösung muss sehr homogen und völlig gasfrei sein, damit fotografische Abbildungen nicht verfälscht werden. Um mikrofeine Gasbläschen vor dem Beschichten vollständig aus-

Abb. 33:
Entgasung in der Getränkeindustrie

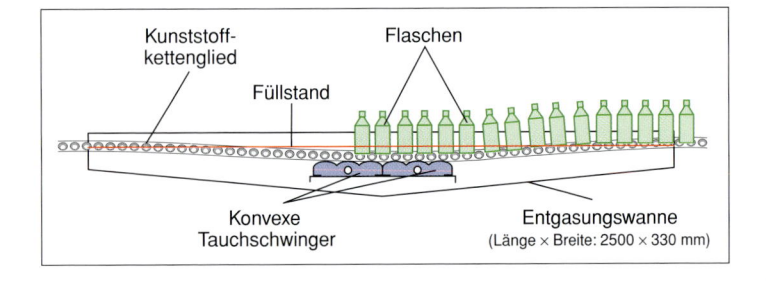

zutreiben, wird deshalb die Gießlösung durch einen Ultraschallreaktor geleitet. Aufkommende Bläschen werden über ein Vakuum-Membran-Entgasungsmodul abgesaugt, die entgaste Gießlösung über eine eigene Leitung abgeführt (Abb. 34).

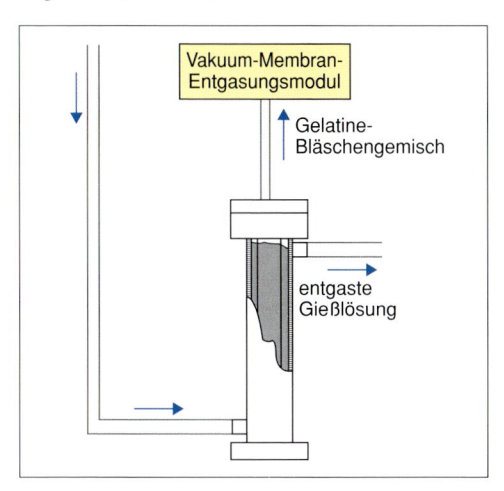

Abb. 34:
Beschallung fotografischer Gießlösungen

In der *Textilindustrie* werden in Continue-Färbeanlagen hochwertige Bänder aus Polyamid, Polyester und Naturfasern für Damenunterwäsche, Reißverschlüsse, Autogurte etc. verarbeitet. Zur intensiven Fixierung der Farbe und Erhöhung der Eindringtiefe in die Fasern werden leistungsstarke Tauchschwinger in so genannten Farbflotten und auch mit Ultraschall-Schwingsystemen bestückte Foulardbecken verwendet. Durch den Einsatz von Ultraschall entfällt das Nachfärben, verbessern sich Farb- und Waschechtheit und es steigt damit auch die Erzeugnisqualität. Gleichzeitig können Kosten gesenkt werden.

Textilindustrie

Bei der *Parfümherstellung* ist eine Homogenisierung der Stärkeemulsion im Vorprozess sehr wichtig. Dazu werden Ultraschallreakto-

Parfümherstellung

48 Ultraschall-Verfahrenstechnik

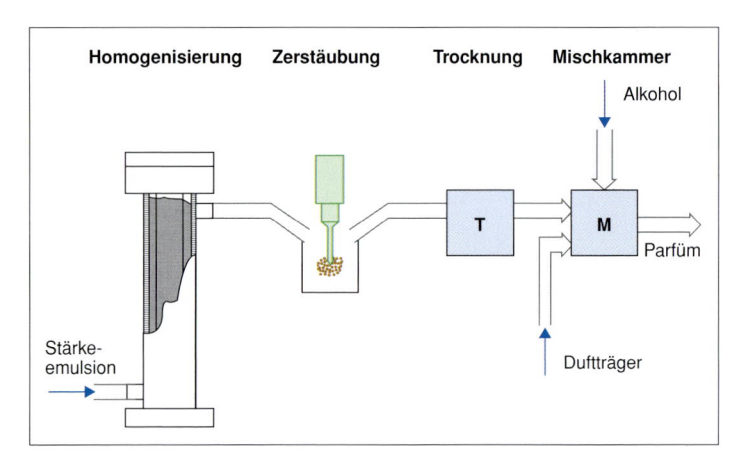

Abb. 35:
Einsatz eines Ultraschallreaktors im Parfümherstellungsprozess

ren im Durchflussbetrieb eingesetzt. Der entscheidende Duftträger wird erst am Ende des Prozesses in einer Mischkammer zugesetzt (Abb. 35).

Herstellung von Druckerpapier und …

Bei der *Herstellung von Druckerpapier*, insbesondere hochwertigen Sorten wie Hochglanzpapier für Fotozwecke etc., werden bevorzugt keramische Feinstdispersionen mit Nanopartikeln eingesetzt. Zur Intensivbeschallung dieser Dispersionen im kontinuierlich ablaufenden Produktionsprozess eignen sich besonders Rohr- oder Sonoreaktoren mit einem geringen Reaktionsspalt. Auch bei der *Herstellung hochwertiger Druckertinten* für Tintenstrahldrucker kommen Sonoreaktoren zum Einsatz. Hier dienen sie zum sicheren Austreiben von Mikrobläschen aus der Tintenlösung, die hoch auflösende Ausdrucke verfälschen würden.

… Druckertinten

Chemische Verfahrenstechnik

In der *chemischen Verfahrenstechnik* werden Ultraschallkomponenten zur Ingangsetzung oder Beschleunigung von chemischen Reaktionen eingesetzt. Aufgrund der hohen Drücke und Temperaturen im Inneren von Kavitationsblasen kommt es zu chemischen Umwandlungen, die sonst nicht von alleine ablaufen würden. Zum Beispiel können Ultraschallreaktoren bei den sehr zeitaufwändigen Semi-Batchprozessen zur Herstellung metallorganischer Grignardverbindungen deutlich zur Beschleunigung der chemischen Umsetzung beitragen.

Abbildung 36 zeigt den Einsatz eines Sonoreaktors zur Aktivierung von festem Magnesium (Späne) mit organischen Halogeniden im Ultraschallfeld. Der Ultraschallreaktor wurde dazu als Durchflussmodul in eine geeignete Kreislaufanlage für feststoffbeladene Edukte (Ausgangsstoffe) mit Förderpumpe, Wärmetauscher und anderen Aggregaten integriert.

Leistungsstarke Ultraschallreaktoren werden zunehmend auch in Bereichen der Biotechnologie und Abwasseraufbereitung erfolgreich eingesetzt. Beispielhaft sei hier der differenzierte Einsatz in Kläranlagen angeführt, durch den nachweisbar eine Verbesserung der Schlammeigenschaften hinsichtlich Faulung (Faulgasgewinnung), Sedimentation und Ent-

Biotechnologie und Abwasseraufbereitung

Abb. 36: Herstellung metallorganischer Verbindungen

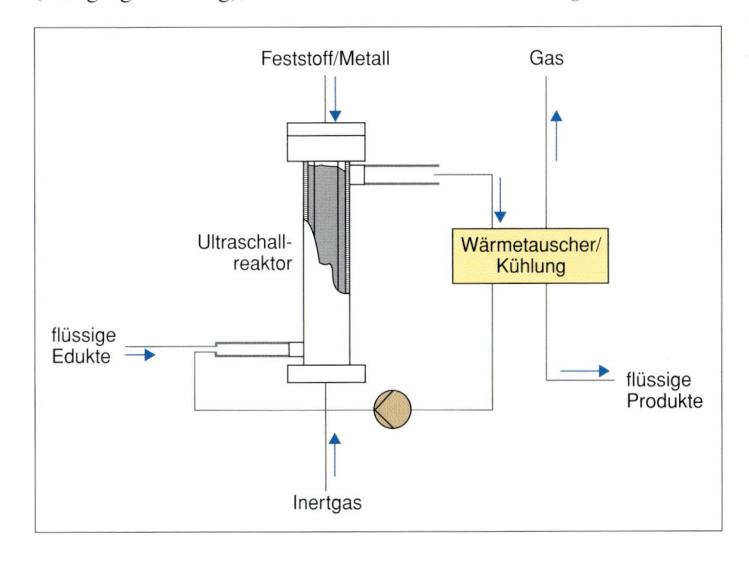

wässerung erzielt wird. Ein wirtschaftlicher Einsatz von Ultraschallreaktoren in Klärwerken wäre insbesondere für überlastete und problembehaftete Klärwerke sinnvoll. Bei diesen Klärwerken könnten mit Ultraschallreaktoren die Stabilisierungszeiten im Faulturm verkürzt sowie die Zugabe chemischer Zusätze zur Vernichtung von Schwimmschlamm in Belebungsbecken vermieden und damit die Kosten für die Betreiber gesenkt werden.

Ultraschalldesintegration

Der Begriff »Ultraschalldesintegration« bedeutet »Zerkleinerung unter Einfluss von hochenergetischem Leistungsschall in flüssigen Medien« und umfasst zum Beispiel das Emulgieren, Suspendieren und den Aufschluss von Zellen, Bakterien etc. Der Grad der Desintegration hängt wesentlich von einer niedrigen Ultraschallfrequenz und der Einleitung hoher Schwingungsamplituden in das Beschallungsmedium ab. Typische Geräte für die Ultraschalldesintegration sind Ultraschallhomogenisatoren.

Niedrige Frequenz, hohe Amplituden

Aufbau und Wirkungsweise von Ultraschallhomogenisatoren

Ultraschallhomogenisatoren dienen dazu, Ultraschall mit sehr hohen Energiedichten in flüssige Medien zu übertragen (Abb. 37). Sie bestehen im Wesentlichen aus drei Komponenten: einem HF-Generator, einem hochwertigen Ultraschallwandler und einer Arbeitsspitze, auch Sonotrode genannt. Der HF-Generator erzeugt zunächst aus der niederfrequenten Netzspannung von 50 Hz eine hochfrequente Spannung von zum Beispiel 20 kHz zum Betreiben des angeschlossenen piezokeramischen Ultraschallwandlers. Der Ultraschallwandler erzeugt aus der HF-Spannung mechanische longitudinale Schwingungen gleicher Frequenz und verfügt über hochwertige Einzelkomponenten, die, optimal aufeinander abgestimmt, insgesamt einen hohen Wirkungsgrad gewährleisten. Damit können an der Schallausgangsfläche der Sonotrode Intensitäten von bis zu 1500 W/cm^2 umgesetzt

Funktionsweise

52 Ultraschalldesintegration

Abb. 37:
Ultraschall-
homogenisator

Abb. 38:
Verschiedene
Geometrien von
Titansonotroden

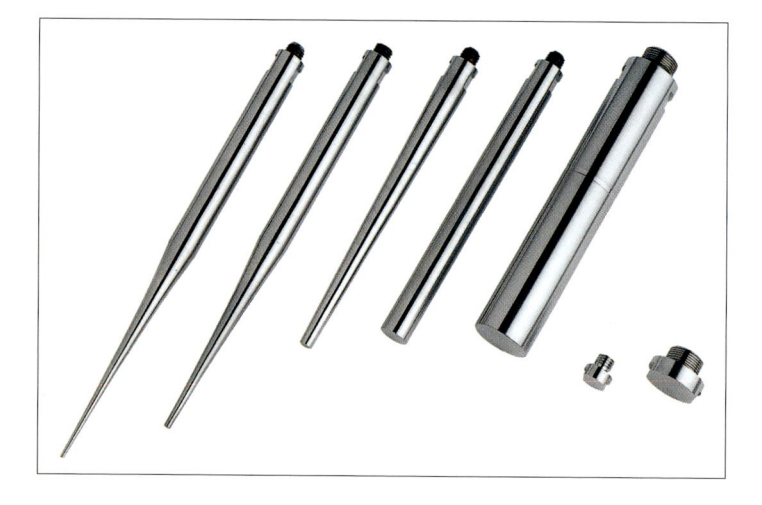

werden. Im Vergleich dazu liegen die Leistungsdichten von Ultraschallwandlern, die bei Reinigungsbädern eingesetzt werden, nur bei 1 bis 5 W/cm^2. Die vom Ultraschallwandler erzeugten Schwingungsamplituden werden über die Sonotrode wesentlich verstärkt und in das zu beschallende Medium übertragen. Sonotroden werden aus einer hochfesten Titanlegierung gefertigt (Abb. 38). Dieser Werkstoff hat den Vorteil, dass er dämpfungsarm sowie gegenüber dynamischen Wechselbelastungen sehr standfest ist und darüber hinaus eine gute Beständigkeit gegenüber aggressiven und korrosiven Medien aufweist. Titanlegierungen sind härter als bestimmte Aluminiumlegierungen und verhindern deshalb eine frühzeitige Kavitationserosion an der Sonotrodenspitze. Edelstahl hingegen wäre als Sonotrodenmaterial zu zäh und würde den Beanspruchungen nicht standhalten.

Hochfeste Titanlegierung

Für die zahlreichen Anwendungsfälle in der täglichen Laborarbeit entstand in den letzten Jahrzehnten eine Vielzahl von Sonotrodenformen und -typen. Häufig werden schlanke Mikro- und Kegelsonotroden mit unterschied-

Zahlreiche Sonotrodenformen

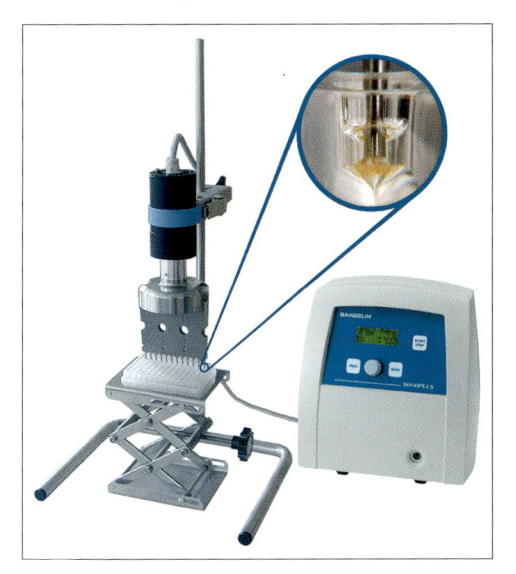

Abb. 39:
Ultraschallhomogenisator mit Spezialsonotrode zum Beschallen von Proben in Mikrotiterplatten

54 Ultraschalldesintegration

lichem Verjüngungsgrad zur Spitze hin bevorzugt. Sie finden ihren Einsatz beim Beschallen von Proben in Reaktionscups, Mikrotiterplatten (Abb. 39), Küvetten, Falconröhrchen oder Reagenzgläsern. Sonotroden mit großen Spitzendurchmessern oder Tellerformen werden bei größeren Volumina in Becherngläsern etc. verwendet. Grundsätzlich können im stationären Betrieb Flüssigkeitsmengen von 50 µl bis zu 1000 ml und im Durchflussbetrieb Flüssigkeitsmengen bis zu 30 l/h beschallt werden. Für beide Betriebsarten gibt es eine Vielzahl an Beschallungsgefäßen (Abb. 40), Durch-

Abb. 40:
Beschallungsgefäße
aus Glas
a Suslickzelle
b Durchflusszelle
* mit Kühlmantel*
c Rosettenzelle
d Kühlzelle

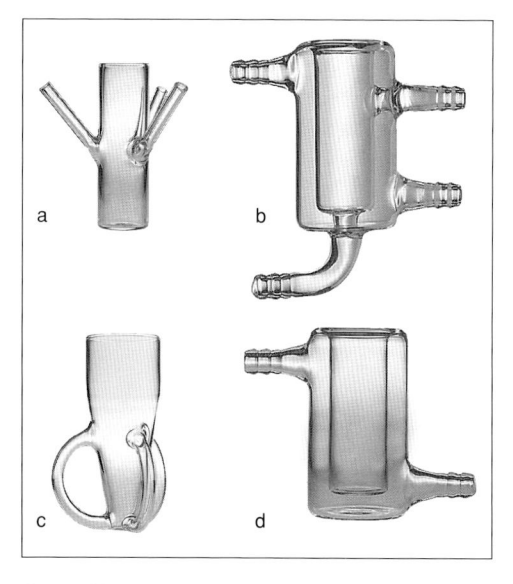

flusszellen und Spezialvorrichtungen, die zusätzlich mit einem Kühlmantel ausgestattet sein können.
Für die richtige Auswahl eines Ultraschallhomogenisators reicht die elektrische Leistungsangabe in Watt alleine nicht aus, da dieser Wert nur die Leistung des HF-Generators angibt,

nicht aber die in das Medium eingebrachte Energie. Entscheidend für das Beschallungsergebnis ist die Amplitude an der schallabstrahlenden Fläche der Sonotrode sowie die Probenmenge. Hochwertige Ultraschallhomogenisatoren liefern bei gleicher elektrischer Leistung durch die optimale Anpassung aller Komponenten hohe Amplituden, die, unabhängig von wechselnden Bedingungen in der zu beschallenden Probe, konstant bleiben. Durch die Amplitudenkonstanz sind reproduzierbare Ergebnisse garantiert. Bei einigen Gerätetypen lassen sich neben Amplitude, Pulsdauer und Beschallungszeit weitere Prozessparameter programmieren. So werden zum Beispiel die in die Probe eingebrachte Energie in Kilojoule und die Probentemperatur von 0 bis 120 °C angezeigt und überwacht. Viele Prozessparameter können innerhalb von Anwenderprogrammen im Gerät gespeichert werden. Auch eine externe Prozessüberwachung mittels PC ist möglich. Alternativ zur bevorzugten Amplitudenregelung gibt es auch Geräte, bei denen die Generatorleistung in Watt vorgegeben und geregelt wird. Nachteilig bei dieser Regelung ist, dass die Amplituden nicht konstant gehalten werden können.

Amplitudenkonstanz

Externe Prozessüberwachung möglich

Hochwertige Sonotroden zur Ultraschall-Amplitudenverstärkung

Wie im vorhergehenden Kapitel erläutert, werden Sonotroden zur Ultraschall-Amplitudenverstärkung mit einem aktiven Ultraschallwandler an seiner kreisförmigen Ausgangsfläche hochfest verschraubt. Die Sonotrode funktioniert dabei als ein mechanischer »Geschwindigkeitstransformator«, mit dem unter anderem die Amplitude des aktiven Ultraschallwandlers bei konstanter Gesamtleistung wesentlich herauf- oder herabgesetzt werden

Verstärkung der Ultraschallamplitude

56 Ultraschalldesintegration

Spitzenwerte bis zu 300 µm

kann. Durch eine deutliche Querschnittsverringerung von der Eingangs- zur Spitzenfläche der Sonotrode kann die Ultraschallamplitude um ein Vielfaches verstärkt werden – bis zu Spitzenwerten von 300 µm und mehr. Grundsätzlich ist bei Querschnittsänderungen zu beachten, dass die Außenkonturen stetig, einer mathematischen Funktion entsprechend verlaufen müssen. Abrupte Konturänderungen oder Konturänderungen an der falschen Stelle führen zu hohen Dehnungs- und Spannungsspitzen im Material und in der Folge zu unzulässiger Materialbeanspruchung, zu starker Erwärmung, Fehlresonanzen und in letzter Konsequenz zu einem niedrigen Wirkungsgrad. Die Amplitudentransformation der Sonotrode lässt sich allerdings nicht beliebig steigern. Begrenzt wird sie letztlich durch dynamische Materialgrenzwerte des Sonotrodenwerkstoffs sowie durch die formabhängige Verteilung der Schwing-Dehnungs-Beanspruchung im Material.

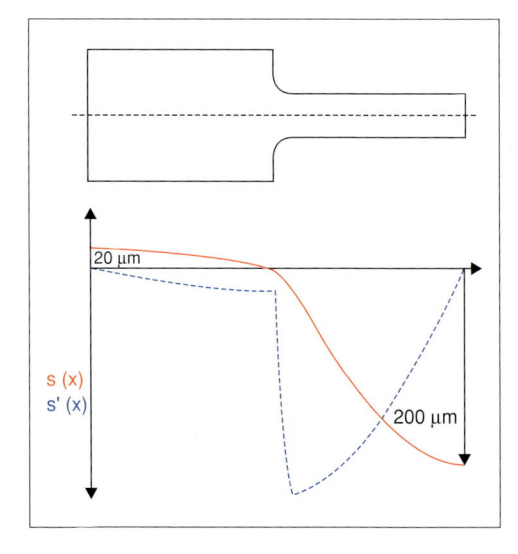

Abb. 41: Amplituden- und Dehnungsverlauf einer Titansonotrode

Hochwertige Sonotroden zur Ultraschall-Amplituden... 57

Die Sonotrode wird meist als longitudinaler Halbwellenresonator der Länge n × λ/2 dimensioniert, dessen Resonanzfrequenz exakt mit der des aktiven Ultraschallwandlers übereinstimmt. Zum eindimensionalen Berechnen von Sonotroden und Wandlern mit kleinen Querabmessungen stehen einfach zu bedienende PC-Programme zur Verfügung. Damit lassen sich beispielsweise Sonotroden mit einem gewünschten Amplituden-Transformationsgrad für bestimmte Durchmesserverhältnisse schnell ermitteln. Abbildung 41 zeigt als Rechenergebnis einen typischen Amplituden- und Dehnungsverlauf für eine als Stufenhorn ausgeführte Laborsonotrode aus einer Titanlegierung (TiAl6V4). Die Amplituden s(x) sind um 90° gedreht gezeichnet. Bei einer Eingangsamplitude von 20 µm werden hier beispielsweise 200 µm an der Spitze erzielt.

Computer-gestütztes Berechnen

Ständig neue Anwendungsfälle in Labor und Industrie und sich daraus ergebende höhere Anforderungen an Funktionalität und Lebens-

Abb. 42:
Hochwertige
12-Spitzen-Sonotrode
mit Simulation

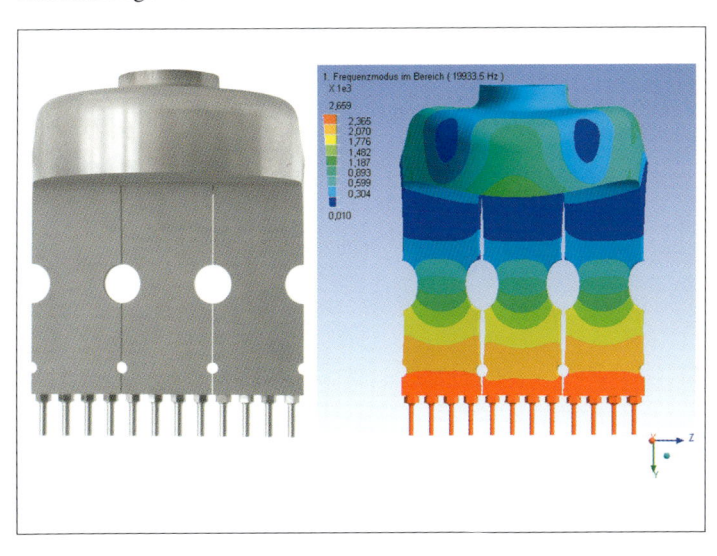

dauer von Sonotroden führten in den letzten Jahren dazu, Sonotroden mithilfe der Finiten-Elemente-Methode (FEM) schwingungs- und beanspruchungsgerechter auszulegen. Mittels FEM können Konstruktionen und das dynamische Belastungsverhalten neuer Sonotrodenformen beispielsweise durch Schwingungssimulation bereits im Entwurfsstadium am Computer optimiert werden. Bei parametrischer Modellierung in der CAD-Konstruktion können im FEM-Programm Schwachstellen des Sonotrodenentwurfs sofort erkannt und durch Änderung der Parameterwerte beseitigt werden. Dies erspart teure Prototypenfertigungen und reduziert die Entwicklungszeiten.

Verkürzte Entwicklungszeiten

Abbildung 42 zeigt beispielhaft eine hochwertige 12-Spitzen-Sonotrode zum Beschallen von Mikrotiterplatten und eine Momentaufnahme ihrer Schwingungssimulation.

Probenvorbereitung im Labor

Haupteinsatzgebiete

Haupteinsatzgebiete von Ultraschallhomogenisatoren sind die Probenvorbereitung und -herstellung. Diese Bereiche umfassen das Homogenisieren, Emulgieren und Suspendieren verschiedenster Substanzen, das Beschleunigen chemischer Reaktionen, das Aufschließen von Zellen sowie die Extraktion von Zellinhaltsstoffen. Mithilfe von Ultraschallhomogenisatoren können bestimmte Stoffe gezielt zerstört, langwierige Aufbereitungsprozesse verkürzt und die Ausbeute von vielen Reaktionen erhöht werden. Aufgrund dieser Vorteile kommen ständig neue Anwendungen hinzu.

Hohe Effizienz

Der Vergleich mit anderen Aufbereitungsgeräten im Labor wie Kugelmühlen, Rotor-/Stator- oder Spalthomogenisatoren zeigt, dass Ultraschallhomogenisatoren mit höherer Effizienz arbeiten und dabei reproduzierbare Ergebnisse garantieren. Der Trend in der Analytik geht zu immer kleineren Probenvolumina und zu verringertem Chemikalieneinsatz. So hat der Einsatz von Ultraschallhomogenisatoren in den letzten Jahren überall dort zentrale Bedeutung erlangt, wo auch geringste Probenmengen schnell, kostengünstig und reproduzierbar aufbereitet werden sollen.

Aufschluss von Zellen und Mikroorganismen
Moderne Labors setzen zunehmend Ultraschallhomogenisatoren ein, wenn es darum geht, Zellwände aufzubrechen, um an die Zellinhalte, z. B. Proteine, zu gelangen, ohne diese zu schädigen. Ein Teil der in die Zellsuspension eingetragenen Energie wird immer in Wärme umgesetzt. Um thermische Schädigungen der Zellinhalte zu vermeiden, wird die Probe entweder zyklisch mit Zeitunterbrechungen beschallt (mit oder ohne Kühlung) oder nur in einem Kühlgefäß gekühlt. Besonders vorteilhaft ist die gleichmäßige Beschallung von Mikroorganismen in Rosettenzellen. Dabei handelt es sich um Beschallungsgefäße aus Glas, die aufgrund ihrer Form während der Beschallungsphase eine permanente Zirkulation der Probenflüssigkeit gewährleisten. Zusätzlich im Eisbad platziert, wird der Inhalt in einer Rosettenzelle (s. Abb. 40c, S. 54) aufgrund ihrer großen Glasfläche wirksam gekühlt.

Aufbrechen von Zellwänden

Die Zerstörung von Zellmembranen hängt stark von der Elastizität der Zellen ab. Man kann Zellbestandteile wie Mitochondrien oder Zytoplasma fraktioniert aufschließen, indem man die eingetragene Ultraschallenergie und damit die Extraktionsleistung variiert. Bei besonders resistenten Bakterien (z. B. Streptokokken), Pilzen, Sporen, Hefen oder Gewebeproben ist eine direkte Zerstörung der Zellmembranen mit sehr hohen Ultraschallamplituden über Mikrospitzen erfolgreicher, da hier

Fraktioniertes Aufschließen

ein sehr großer Energieeintrag in kleinste Probenmengen erforderlich ist (Abb. 43).

Bei der Beschallung von Mikrolitermengen in Reaktionscups erweist sich die Amplituden- oder Leistungsregelung als besonders wichtig.

Abb. 43:
Rasterelektronische Aufnahme einer Hefezelle
Oben: unbehandelt
Unten: mit Ultraschall aufgeschlossen

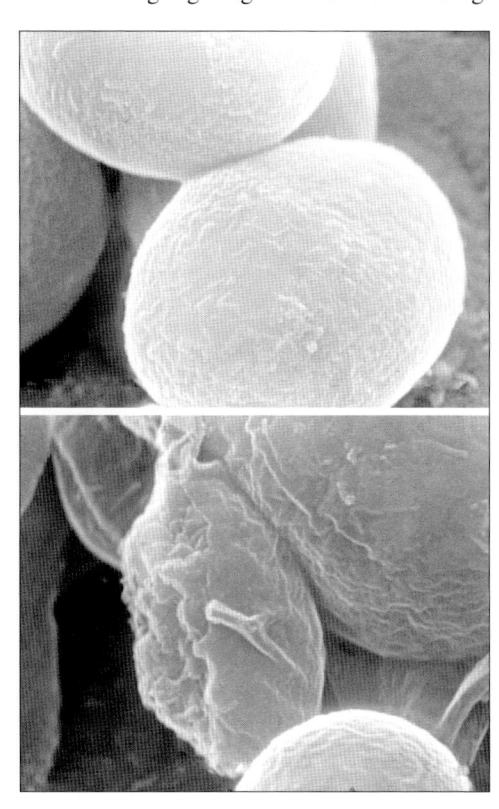

Bei maximaler Leistung besteht die Gefahr, dass die Lösung aus dem Gefäß spritzt und dabei wertvolles Probenmaterial verloren geht. Sollen Zellen mit labilen Zellwänden aufgeschlossen werden, ist nur eine geringe Leistung oder eine kleine Amplitude nötig. Um große Mengen kontinuierlich aufzuschließen, werden spezielle

Durchflussgefäße aus Glas (s. Abb. 40, S. 54) oder Edelstahl mit kleinem Beschallungsraum eingesetzt, sodass jedes Teilchen einer Suspension mit gleicher Intensität behandelt wird. Thermische Schädigungen von Zellinhaltsstoffen können ausgeschlossen werden, wenn das Gefäß zusätzlich mit einem Kühlmantel ausgestattet ist. Um eine Kontamination durch Fremdpartikel – beispielsweise Erosionspartikel der Sonotrode – weitgehend auszuschließen, ist eine indirekte Beschallung der Zellen in Beschallungsbechern oder Becherresonatoren vorzuziehen. Eine gleichmäßige Intensität und Kühlung sind dabei garantiert.

Indirekte Beschallung

Abschließend seien noch einige typische Anwendungen aus der Biochemie und der Medizin angeführt:

- **Aufbruch von Gewebekulturen**
  Aufschluss subzellulärer Komponenten und Viren ohne jegliche Zerstörung
- **Vaterschaftstests**
  Schnelle Gewinnung stromafreien Hämolysates aus dem EDTA-Blut (Blut mit organischem Komplexbildner) des Putativvaters (vermeintlicher Vater) für die Begutachtung der Vaterschaft (Reduzierung der Vorbereitungszeit um ca. 30 min)
- **Urologie**
  Biochemische Membrananalytik an Bestandteilen von Spermatozoen
- **Genforschung**
  Extraktion von DNA aus Humanmaterial
- **Liposomenherstellung**
  Bevorzugte Gewinnung von SLV (Unilamellare Liposomen) durch Desintegration von MLV (Multilamellare Liposomen) mithilfe von Ultraschall
- **Aufbereitung von Pockenschutzviren**
  Herstellung einer gleichmäßig verteilten Infektionslösung

Typische Anwendungen

Dispergieren

Mit Ultraschallenergie können Feststoffpartikel oder auch Flüssigkeiten in einen anderen Träger dispergiert werden. Zum Beispiel finden bei der Herstellung von Prüffarben und -lacken oder beim Polieren von kleinen Körperoberflächen nanoskalige Pulver wie Titandioxid oder pyrogene Kieselsäure aufgrund ihrer großen spezifischen Oberfläche und dem damit wachsenden chemischen Reaktionspotenzial zunehmend Verwendung. Allerdings besitzen diese Stoffe auch die Tendenz zu agglomerieren, wodurch sich Fließ- und Benetzungsverhalten verschlechtern. Die gebildeten Agglomerate lassen sich mit einem Ultraschallhomogenisator zerstören, während die Dispersion gegen eine Reagglomeration dauerhaft stabilisiert wird.

Zerstören von Agglomeraten

Bei der *Partikelgrößenanalyse* spielt das Dispergieren für die Genauigkeit des Messvorgangs eine wesentliche Rolle. Die Partikel sind nur so gut erkennbar, wie sie als detektierbares Messsignal in der Messzone erscheinen. So führen nicht dispergierte Agglomerate zu Fehlmessungen. Mithilfe von Ultraschall werden die Partikel feinst verteilt und für die anschließende Messung präpariert.

Feinstverteilung von Partikeln

Beim *Emulgieren mit Ultraschall* werden zwei miteinander nicht mischbare Flüssigkeiten, z. B. Öl und Wasser, zu einer quasi homogenen Flüssigkeit verarbeitet (Abb. 44). Im Vergleich zu konventionellen Methoden mit Rotoren oder Mühlen ist es mithilfe von Ultraschall möglich, feinstdisperse Emulsionen mit sehr kleiner Tröpfchengröße und sehr hoher Stabilität herzustellen. Es kommt weder zu einer Klümpchen- oder Traubenbildung der Tröpfchen noch zur Sedimentation der Tröpfchen. Mit Rotoren oder Rührern kommt es hingegen bei langsamem Rühren oft zum Abtrennen der Flüssigkeit, während ein zu schnelles Rühren

Herstellen stabiler Emulsionen

Probenvorbereitung im Labor 63

Abb. 44:
Öl-Wasser-Emulgierung – vorher (links) und nachher (rechts)

zu unerwünschten Lufteinschlüssen führt. Für die qualitativ hochwertige Kleinproduktion von Salben in Apotheken werden Ultraschallhomogenisatoren sehr häufig eingesetzt.
Industriell hergestellte Emulsionen begegnen uns in vielfältiger Form in zahlreichen Produkten des täglichen Lebens, beispielsweise in Kosmetika oder Lotionen. In der industriellen Großproduktion hat sich die Anwendung von Ultraschall jedoch noch nicht durchsetzen können.

Homogenisieren

Die technischen Einsatzmöglichkeiten von Ultraschallhomogenisatoren reichen von der Farben- und Lackherstellung über die Homogenisierung von Abwasser- und Bodenproben für Analysezwecke bis hin zur Probenvorbereitung für Korngrößenanalysen. Industrieabwasser wird zum Beispiel in Umweltlaboren ständig auf Anteile von Schwermetallen, Fetten oder Ölen untersucht, um im Fall von Konzentrationsüberschreitungen sofort Maßnahmen auslösen zu können. Für repräsentative Analysenergebnisse ist es erforderlich, die Abwasserproben in einen homogenen Zustand zu

Homogenisieren von Abwasser- und Bodenproben

versetzen. Dies erfolgt über Ultraschallhomogenisation innerhalb sehr kurzer Zeit.

Zur Charakterisierung von Abfallproben hinsichtlich ihrer Deponierbarkeit sowie zur Beurteilung von Schadstoffen wie polycyclischen aromatischen Kohlenwasserstoffen (PAK), Schwermetallen oder Mineralölkohlenwasserstoffen (MKW) in Böden wird alternativ zur Elution die Extraktion mit Ultraschall als schnelleres Homogenisierverfahren eingesetzt.

Extraktion mit Ultraschall

Im Landwirtschaftsbau werden Ultraschallhomogenisatoren bei der Probenvorbereitung zur anschließenden Bestimmung des THC-Gehalts (psychoaktiver Inhaltsstoff) von Hanf sowie auch bei der Bestimmung von PAK-Konzentrationen in pflanzlichen Lebensmittel, z. B. bei Erdbeeren, in Abhängigkeit von der Bodenbelastung eingesetzt.

Wie bereits erwähnt, kommen Ultraschallhomogenisatoren bei der Qualitätskontrolle von Lebensmitteln sehr häufig zum Einsatz. Dazu ein Beispiel: Der Nitratgehalt in Käse ist laut »Zusatzstoff-Zulassungs-Verordnung« nach oben hin begrenzt. Die bisherige Methode über Xylenolmethanol-Destillation und anschließender photometrischer Bestimmung ist toxikologisch bedenklich und zeitaufwändig. Zur quantitativen Bestimmung des Nitratgehalts wird der Käse zunächst mechanisch vorzerkleinert. Anschließend erfolgt eine besonders intensive und feine Homogenisierung mit Ultraschall in einer Rosettenzelle innerhalb kürzester Zeit. Die erzielbare Teilchengröße liegt dann unter 1 µm und die sich anschließende Filtration zum quantitativen Auswaschen von Ionen wird erheblich erleichtert, da keine Konglomeratbildung mehr stattfindet.

Verfahrenserleichterung

Medizinische Niederfrequenz-Ultraschalltherapie

Im Gegensatz zum hochfrequenten therapeutischen Ultraschall (0,8 bis 3 MHz) sind Anwendungen mit Niederfrequenz-Ultraschall (Frequenzen unter 100 kHz) in der Medizin bisher weitestgehend auf den chirurgischen Bereich beschränkt, hier z. B. auf den Einsatz von Ultraschallaspiratoren in der Neurochirurgie. Die dafür eingesetzten Geräte sind vom Prinzip ähnlich aufgebaut wie Ultraschallhomogenisatoren, unterliegen aber den erhöhten Anforderungen für Medizingeräte, insbesondere bei Zuverlässigkeit, Ergonomie und Sicherheitsvorschriften.

Zunehmend kommen in jüngerer Zeit niederfrequente Ultraschallanwendungen jedoch auch in den Bereichen der physikalischen Therapie und der Wundbehandlung zum Einsatz.

Neue Anwendungsbereiche

Leistungsmerkmale und Gerätetechnik

Bei Ultraschallanwendungen in den Bereichen der physikalischen Therapie und der Wundbehandlung wird zum Teil mit sehr kleinen Intensitäten (von 0,01 W/cm^2 bis maximal 1 W/cm^2) gearbeitet. Die geringen Intensitäten gewährleisten eine hohe Sicherheit für die Patienten. Dieser Vorteil verbunden mit einer einfachen Handhabung und einer kostengünstigen Gerätetechnik ist dafür verantwortlich, dass niederfrequente Ultraschall-Therapiegeräte von einem immer größer werdenden Kreis von Therapeuten eingesetzt werden.

Sehr kleine Intensitäten

Das Therapiesystem besteht aus einem HF-Generator und einem Schallkopf, der die Ultraschallschwingungen bei Hautkontakt in den Körper einleitet. In der Regel wird noch ein Koppelmittel, beispielsweise ein Ultraschallgel, benötigt, das für eine möglichst gute Übertragung der Schallwellen in das Körpergewebe sorgt.

Physiologische und physikalische Aspekte

Die therapeutischen Wirkungen und physiologischen Effekte der Niederfrequenz-Ultraschalltherapie ergeben sich aus ihren speziellen physikalischen Merkmalen:

Physikalische Merkmale

- Sehr geringe Absorption im Gewebe
- Große Eindringtiefe in das Gewebe
- Große Teilchenauslenkungen
- Gute Schalldurchdringung und -leitung im Knochen
- Sehr geringe Wahrscheinlichkeit der Ausbildung von stehenden Wellen
- Große kinetische Effekte

Vermeidung von Hot Spots

Die nur geringe Erwärmung an den Gewebegrenzschichten, beispielsweise zwischen Muskelgewebe und Knochen, ermöglicht auch Behandlungen in Knochennähe oder in der Nähe von Metallimplantaten. Von Vorteil sind das weitgehend homogene Schallfeld und die divergente Schallabstrahlung, die aufgrund der spezifischen Bauformen der Schallköpfe zustande kommen. Schädliche Intensitätsspitzen in tieferen Gewebeschichten mit der Folge so genannter »Hot Spots« werden im Gegensatz zum hochfrequenten therapeutischen Ultraschall sicher vermieden. Erwärmungen an der Hautoberfläche können durch geeignete Maßnahmen wie Schallkopfdesign, Ultraschallgel und das Führen des Schallkopfs (Applikationstechnik) gut kompensiert werden. Wesentliche physiologische Effekte der Niederfrequenz-Ultraschalltherapie sind:

- Weitstellung der Arteriolen und erhöhte Mikrozirkulation
- Gesteigerter lymphatischer Transport
- Verringerte Plasmaviskosität
- Beschleunigter zellulärer Stoffwechsel
- Eutonisierende Wirkung auf Nervenleitbahnen

Durch den ausgeprägten sonophoretischen Effekt werden der Transport geeigneter Medikamente durch die Haut beschleunigt und somit wirksame Kombinationstherapien ermöglicht. Schwerpunkt der physiologischen Wirkung ist also die mechanische Gewebestimulation im Sinne einer »Mikromassage«. Vereinfacht betrachtet wirkt Niederfrequenz-Ultraschall wie ein Katalysator, der die Selbstheilungskräfte des Körpers aktiviert und stimuliert.

Gewebestimulation

Einsatzgebiete

Physikalische Therapie
Als Anwendungsschwerpunkte innerhalb der physikalischen Therapie sind zu nennen:

- Behandlung von Muskelverspannungen (Abb. 45 oben) und myofaszialen Triggerpunkten
- Mobilitätsverbesserung und Schmerzlinderung bei zervikalem und lumbalem Schmerzsyndrom
- Schmerzlinderung bei aktivierten Arthrosen und chronischer Arthritis an den Gelenken (Abb. 45 unten)
- Beschleunigung der Regeneration bei Weichteil-, Sehnen- und Bänderverletzungen
- Schmerzlinderung und Mobilitätsverbesserung bei Tendinosen, Tendopathien, z. B. Tennisarm, Kalzifizierungen u. a.
- Anregung und Beschleunigung der Knochenheilung

Besondere Vorteile der Niederfrequenz-Ultraschalltherapie sind die einfache Anwendung

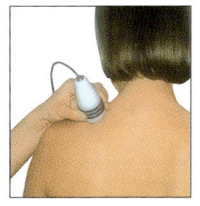

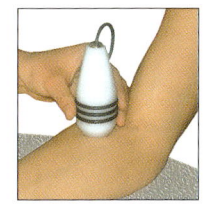

*Abb. 45:
Behandlung von Muskelverspannungen (oben) und Gelenkschmerzen (unten)*

68 Medizinische Niederfrequenz-Ultraschalltherapie

Abb. 46:
HF-Generator
mit Schallkopf für
die physikalische
Therapie (Frequenz
60 kHz, max. Intensität 0,5 W/cm²)

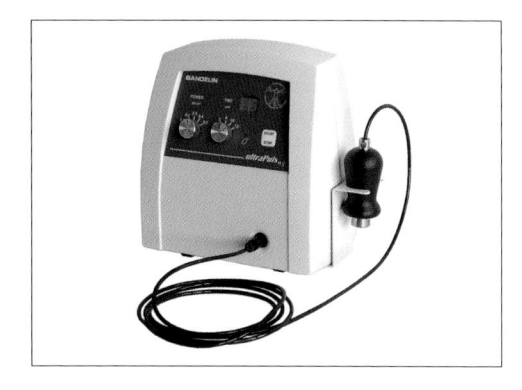

und schnelle Wirksamkeit bei gutem Langzeiteffekt. Oft genügen schon wenige Behandlungen für einen spürbaren Erfolg, z. B. um Muskelverspannungen zu lösen.

Abbildung 46 zeigt eine Gerätekombination für die physikalische Therapie mit einem Schallkopf aus einer physiologisch verträglichen Titanlegierung. In Abhängigkeit von Indikation und Therapieziel können verschiedene Schallkopftypen zur Anwendung kommen. Der Schallkopf wird vom Therapeuten am Behandlungsort in semistatischer oder dynamischer Applikation geführt.

Verschiedene Schallkopftypen

Wundbehandlung

Die Niederfrequenz-Ultraschalltherapie wird ebenfalls erfolgreich bei der Wundbehandlung eingesetzt. Zielstellungen sind hier:

Behandlungsziele

- Sanfte und schonende Wundreinigung
- Aktivierung chronischer Wunden
- Unterstützung der Keimabtötung bei infizierten Wunden
- Stimulation der Wundgranulation
- Stabilisierung der Epithelisierung und Verbesserung der Narbenelastizität
- Behandlung von Mykosen und Dermatosen mit bakterieller Beteiligung

Einsatzgebiete 69

Die Behandlung der Wundflächen erfolgt bevorzugt durch Beschallung im Wasserbad (indirekte subaquale Applikation), sodass hier zusätzlich zu den schon beschriebenen Wirkungen im Gewebe eine schonende Ablösung der Beläge (abgestorbene Zellen, Schmutz etc.) mittels energiearmer Oberflächenkavitation stattfindet (Abb. 47 oben). Durch die sehr niedrige Ultraschallintensität ist die Behandlung sanft und schmerzarm. Bei einem geeigneten Medikamentenzusatz zum Wasserbad wird durch die Synergie von Ultraschall und Medikament (»bioakustischer Effekt«) zusätzlich eine verbesserte und beschleunigte Keimreduktion erreicht. Alternativ zur indirekten Beschallung im Wasserbad ist die direkte Beschallung des mit einem Hydrogel- oder Hydrokolloidverband abgedeckten Wundbereichs möglich (direkte suprakutane Applikation). Diese Applikationstechnik zeigt Abbildung 47 (unten).

Die für die Wundheilung ausgelegten Schallköpfe sind großflächig, untertauchsicher und verfügen als Zubehör über einen Haltegriff für die Unterwasserbehandlung. Abbildung 48 zeigt eine typische Gerätekombination mit Tauchschallkopf für die subaquale Wundbehandlung.

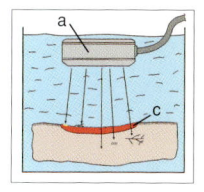

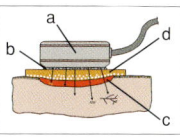

Abb. 47:
Subaquale (oben) und suprakutane Beschallung (unten) von Wunden
a Schallkopf
b Ultraschallgel
c Wundfläche
d Hydrokolloid- oder Hydrogelverband

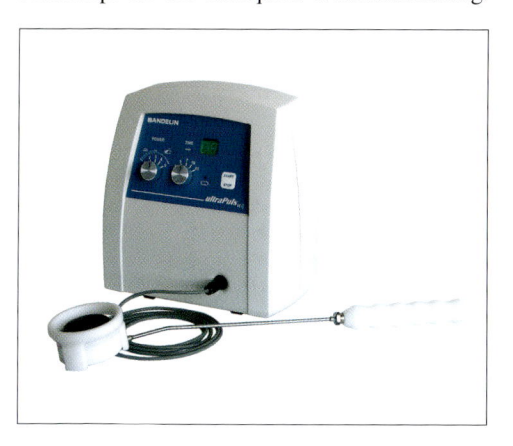

Abb. 48:
HF-Generator mit Tauchschallkopf für die Wundheilung (Frequenz 43 kHz, max. Intensität 0,35 W/cm^2)

Ausblick

Die vielfältigen Möglichkeiten der praktischen Anwendung von niederfrequentem Ultraschall sind bei weitem noch nicht ausgeschöpft.

Verbesserte Gerätetechnik

Neue Wandler- und Piezomaterialien lassen zukünftig höhere spezifische Leistungen erwarten, neue Wandlerbauformen und Spezialsonotroden könnten die Einsatzmöglichkeiten in heute unbekanntem Maße erweitern.

Zunehmend höhere Reinheitsanforderungen bei der Oberflächenvorbereitung für nachfolgende Beschichtungsprozesse lassen ebenfalls verstärkte Anforderungen an die Ultraschall-Reinigungstechnik erwarten. Die Forschung, die sich mit der Veränderung von Stoffen durch sonochemische Reaktionen beschäftigt, steckt zwar noch in den Anfängen, wird sich aber zu einem Zukunftsmarkt entwickeln.

Anwendungen in Schlüsseltechnologien

Neue und interessante Ultraschallanwendungen sind auch im Bereich der Schlüsseltechnologien Biotechnologie, Mikrosystemtechnik und Nanotechnologie zu erwarten. So ist bekannt, dass sich mit Hochleistungs-Ultraschall Partikel im Nanometerbereich effizient herstellen lassen. Nanopartikel beispielsweise gewinnen zunehmend Bedeutung bei der Zerstörung von Tumorgeweben, bei der Herstellung leitfähiger Waferoberflächen oder auch neuartiger Sonnenschutzpräparate. Ebenso kommen im Abwasserbereich und in der vorbereitenden Analytik ständig neue Einsatzgebiete hinzu.

Der Partner dieses Buches

BANDELIN electronic GmbH & Co. KG
Heinrichstr. 3–4, 12207 Berlin
Telefon: +49-30-7 68 80-0
Telefax: +49-30-7 73 46 99
Internet: www.bandelin.com
eMail: info@bandelin.com

BANDELIN

BANDELIN electronic entstand 1972 durch Umfirmierung aus bestehenden Unternehmen. Das Familienunternehmen ist seit 60 Jahren in Berlin ansässig und beschäftigt sich mit der Entwicklung, Herstellung und dem Vertrieb von Ultraschallgeräten mit Zubehör sowie von Desinfektions- und Reinigungspräparaten. Anwendung finden die Geräte hierbei in Industrie, Gewerbe, Labor und Medizin. Die neuesten Geräteentwicklungen des vorrangig im Bereich der Medizintechnik tätigen Unternehmens finden ihren Einsatz in den Gebieten Verfahrensbeschleunigung und Sonochemie. Eine hohe Fertigungstiefe, moderne Produktionsstätten und hochmotivierte Mitarbeiter sind Garanten für ständig neue Qualitätsprodukte.

Mit der Entwicklung und Fertigung von Ultraschall-Reinigungsgeräten wurde schon 1949 begonnen. Mit der Erweiterung der Produktpalette und aufgrund stark gestiegener Verkaufszahlen wurden Mitte der 80er-Jahre die Fertigungsflächen erheblich erweitert. Die Markteinführung für regelbare und leistungskonstante HF-Generatoren folgte 1992. Im Jahre 1998 wurden zur MEDICA in Düsseldorf die ersten Ultraschall-Therapiegeräte vorgestellt. Der Markenname ***SONOREX*** wird in Fachkreisen mit Ultraschall gleichgesetzt. Zu den wichtigsten Produktgruppen gehören:

- **Ultraschall-Reinigungsgeräte**
- **Ultraschall-Homogenisatoren**
- **Ultraschall-Reaktoren**
- **Ultraschall-Therapiegeräte**

BANDELIN electronic ist Vorreiter bei der Entwicklung neuer Ultraschallgeräte und Anwendungsbereiche. In den vergangenen Jahren konnten 20 Patente/Gebrauchsmuster und 28 Marken angemeldet werden. Das Unternehmen unterstützt verschiedene Gremien bei der Erarbeitung neuer Normen und Richtlinien. BANDELIN electronic ist einziger Komplettanbieter von Ultraschallgeräten und Desinfektions- und Reinigungspräparaten mit Zulassungen und Zertifizierungen nach EN ISO 9001 und der EN ISO 13485 für Medizinprodukte.

Alle Produkte sind CE-gekennzeichnet, die Medizinprodukte sind auch nach UMDNS™ klassifiziert und entsprechen dem Medizinproduktegesetz.

Die Bibliothek der Technik · Wirtschaft · Wissenschaft

Grundwissen mit dem Know-how führender Unternehmen

Unsere neuesten Bücher

Technik

- **Federklemmtechnik**
  WAGO Kontakttechnik
- **Kreuzschleifen**
  Sunnen
- **Kunststoffanwendungen im Motorraum**
  Seeber-Röchling Automotive
- **Behälterglas**
  BSN Glasspack
- **Fahrwerktechnik für Pkw**
  ZF Lemförder Fahrwerktechnik
- **VALVETRONIC**
  BMW
- **Niederspannungs-Schaltgerätekombinationen**
  Striebel & John
- **Praxiswissen Schalungstechnik**
  MEVA
- **Fahrwerksysteme gezogener Fahrzeuge** *BPW Bergische Achsen*
- **Die äußere Schaltung** *Jopp*
- **Mobile digitale Kommunikation**
  Funkwerk
- **Mild-Hybrid-Antriebe**
  Continental Temic
- **Abgasrückführsysteme** *Wahler*
- **Lineare Weg- und Abstandssensoren** *Balluff*
- **Leitungssysteme für aufgeladene Motoren** *Mündener Gummiwerk*
- **DoE – Design of Experiments** *IAV*
- **Moderne Kabelführungen**
  Pflitsch
- **Industrielle Dosiertechnik** *Rampf*
- **High-Pressure Plunger Pumps**
  KAMAT-Pumpen
- **Industrial Drive Systems** *Flender*
- **Elektromagnetische Aktoren**
  Thomas Magnete
- **Aluminium-Motorblöcke**
  KS Aluminium-Technologie
- **Kraftfahrzeug-Kurbelwellen**
  ThyssenKrupp Gerlach
- **Ventilhaubenmodule aus Kunststoff** *Victor Reinz*

Wirtschaft

- **Immobilien-Leasing**
  DAL Deutsche Anlagen-Leasing
- **Moderne Sanitäranlagen** *CWS*
- **Mit Profis an die Börse**
  Gold-Zack
- **Exportleasing** *SüdLeasing*
- **Verbraucherrecht im Internet**
  ARAG Allgemeine Rechtsschutz-Versicherung
- **Abrechnungsdienstleistungen**
  A/V/E
- **Direktbanking** *ING-DiBa*

Wissenschaft

- **Dosiersysteme im Labor**
  Eppendorf
- **Wägetechnik im Labor** *Sartorius*

sv corporate media GmbH
Emmy-Noether-Straße 2/E
D-80992 München

Leseproben im Internet:
www.sv-corporate-media.de

Alle Bücher sind im Buchhandel erhältlich